张伟韬　著

创造性成长

将渴望变成现实

中国法制出版社
CHINA LEGAL PUBLISHING HOUSE

序

PREFACE

2012年，我读过一本心理学图书，叫《少有人走的路》。阅读的过程非常愉快，这本书不像其他书一样需要我努力去理解字里行间的关系，我只是很自然地被书中的故事吸引进去，然后就像坐上了滑梯，不知不觉便读完了。读完后的感受也很有趣，虽然书里的故事忘得差不多了，但是我清晰地记得读书时产生的那种被爱包围的感觉。后来每当我回想起这本书的时候，那种温暖还会像披在双肩的毛毯一样，热乎乎的感觉从我肩头涌上来，像是自己又一次被治愈了。后来，我就转专业去学心理学了。

入行之后我才发现，心理学和我本来想的不太一样。它分为不同流派和研究方向，不同流派之间矛盾也很多，经常爆发激烈的冲突。比如，100年前提出“性是人类一切行为的动机”的心理学家弗洛伊德，就因为与自己的挚友荣格观点不合而分道扬镳。后来，随着科学实证流派的兴起，在欧洲一些大学里甚至将弗洛伊德从心理学史的教学中抹除了。这也许是因为在现代科学体系下，弗洛伊德的理论只是无法证伪的“故事”，而科学最重要的特点就是可以被“证伪”，因而在很多学者的口中弗洛伊德就成了“伪科学”的代名词。但是心理学又是这样一门独特的学科：虽然领域内的学者们用科学的方法对人类的心理进行探秘，寻找着知识。但是在实际生活中，普通人却对心理学有着不一样的期待。

曾经有一个朋友问我：“你们心理学里是不是有个特别有名的理论叫‘吸引力法则’，意思是如果你总是想一件事，这件事就会发生。我最近总是有一些消极想法，我好担心它们会发生，你说怎么办呀？”她话音还没落，我就激动地说：“吸引力法则可不是心理学，那种东西没有科学依据，我给你推荐一本书叫《这才是心理学》。心理学是一门实证科学，吸引力法则可能是玄学，不在我回答的范畴之内。”说完这些话，我才意识到自己好像反应过激了，其实她想问的不是吸引力法则，而是她最近的消极情绪。那个朋友读完了《这才是心理学》，然后跑来和我说：“这里没有我想要的答案。”

这件事如鲠在喉，卡了我好久。后来我才发现对于产生心灵困惑的人而言并没有耐心听你客观地列举科学证据，然后给出一个没有定论的研究现状。迷失的灵魂渴望被理解，也渴望一个有意义的答案。人类是如此渴望找到意义的一种动物，而故事便是串起意义的火车，有着治愈心灵的力量。它可以轻柔地拍拍你的肩膀，呼唤你同行，你拉起故事的手进入它的世界，当你再次睁开眼睛时，它就带你到了另一个地方。然后你就会发现，世界不一样了，你也不一样了。

但是故事本身有一种弊端，它的背后藏着作者对世界和人生的独特解释。特别是心理学故事，它的背后必定有着作者想传达的他自己对人生的看法。但是每个读者都有不一样的人生，适合自己的道路也各不相同。按照作者的定义和视角来观察世界，也许并不适合独特的你，更无法解决你的问题。所以，我在故事之外又加入了知识。

我的研究方向是人类创造性，这也是本书用来理解自我成长的主要科学视角。在跟随两位优秀的导师研究创造性的五年时间里，我慢慢明白创造性不是天才的专属，它是进化赋予我们每个人的基本能力，它流淌在我们的血液里。你只需了解自己独特的处境和问题，鼓起勇气走上一条“少有人走的路”，就能成为独特的自己。

在这本书中，我会先写一些有趣的故事，这些故事里或许会有你和你身边人的影子。故事结束后，我会用科学知识对故事进行解释，为了不使你感到枯燥，我将科学知识也编成了有趣的故事。比如，在解释“如何理解自己与他人的不同”时，我会化身为一个单细胞生物，弱小无助地诉说脆弱的“我”的心路历程，从而带出来自进化和基因的知识。把科学知识编成故事会在某种程度上丧失严谨性，所以我会在每一章的结尾加入自我批评和对必要知识点的解释，以供业内人士批评和指教。

最后，我不得不强调，这本书面向的主要读者是每一个在恋爱和成长中感到失控和痛苦，并渴望获得掌控感的人。本书从失控讲到掌控，后面还会出现一个新阶段，就是在掌控的状态中渴望失控，希望这些人也能在书里找到答案。

总之，这本书里有各种不同的故事，希望你也能像我读《少有人走的路》时一样，可以顺着故事情节毫不费力地读完这本书。读完后，或许你会产生一种刻在身体里多年不会忘记的感受，也许是豁然开朗，也许是惊讶，也许是因为治愈而涌上胸口的温暖。

很高兴与你在书中相见。

张伟韬

2020年10月6日于荷兰莱顿

目　录

CONTENTS

第一篇

红玫瑰与白玫瑰

1

电视剧《春风十里不如你》里有个女孩叫小红，她活泼可爱有性格；还有个女孩叫赵英男，她优秀美丽有背景，还是班长。男主角秋水一直徘徊在二人之间，不知是阴错阳差还是刚成年的男生的内心选择，秋水最终选择了班长。因为都是本硕博连读的医学生，三人的关系从本科一直纠缠到博士。班长从小家教优良，对自己有要求，对秋水也有要求；小红家庭普通，天真无邪，她觉得秋水怎么样都好，只要秋水是秋水。但是博士快毕业的时候，秋水动摇了，他内心有个声音在呼唤，他想和小红在一起。

很多人说男人一辈子都喜欢二十几岁的小姑娘，因为这个年纪的姑娘年轻又美好。很多人也说男生成熟得比女生晚，和男孩谈恋爱是没有结果的，所以很多女孩子都想找一个大叔步入婚姻的殿堂。然而，说出这些话的人往往忽略了一个重要的阶段：20 岁出头。

20 岁出头的男女，走出家门，迈入大学和社会，从只有同类的小树林进入一个什么“鸟”都有的大森林。大家突然不知道自己是谁了，原来我是爸妈怀里的宝，现在却是同学脚下的草。一瞬间，好像谁看谁都不顺眼，谁看谁都很陌生。

而在这种不确定的环境下，男孩们唯有选择班长赵英男，让赵英男喜欢自己，才不会感到自我怀疑。所以无论感受到这种“自我怀疑”的人是男还是女，抓住了环境中那个让他可以自我肯定的人，他就会得到暂时的平静。当然，也有一些非常有勇气的女孩，她们从小在爱的环境中成长，自信快乐，即使到了新的环境，她们仍然热爱自己。她们不用寻找自己存在的价值，她们坚信自己的价值，她们只想和心中的秋水在一起，她们不要求秋水为自己做任何改变，只要秋水是秋水。而对于另一部分女生来说，选择了大叔，就相当于选择了稳定和安全。

所以在年轻的时候，恋人想维持稳定的情感关系，至少需要有一方是成熟稳定的。无论是男生还是女生，他知道自己是谁，知道自己想要什么，也知道对方身上存在什么问题，愿意包容并和对方一起解决问题。然而，如果两个人都不知道自己是谁，甚至没有认清自己的“三观”，仅凭吸引力就走到了一起，两人在日后交流的过程中发现彼此“三观”不同，没办法在对方身上确认自己的价值，于是只想离开对方。

所以20岁出头的男孩，选择了班长，就相当于选择了个妈；20岁出头的女孩，选择了大叔，就相当于选择了个爸。他们从班长和大叔身上汲取能量，不断认清这个社会到底是什么样子的，自己到底是怎样的人，直到他们建立了自我认同，有了自己的想法。

于是，成熟后的男孩不想要第二个妈天天管着他，女孩也不想要第二个爸对自己指指点点。所以，快博士毕业的时候，秋水最终喜欢上了小红。所以，窦文涛在《圆桌派》里说，捧红小鲜肉的，都是那些上了年纪的女人。

成熟后的男女，都想平静地做自己，快乐地被吸引。

2

李胜天从记事起就没见过爸爸，他妈妈在他很小的时候就告诉他："你爸爸抛弃咱俩的时候，指着你说：'这个孩子长大以后是不可能有出息的。'"二十几年来，母亲告诉李胜天的这句话已经不知不觉变成了一个烙印，成了一种想起来就咬牙切齿的仇恨。

其实李胜天的真名不叫李胜天，他在 15 岁的时候给自己取了这个名字，用作他在所有网络游戏中的昵称。李胜天也不知道自己为啥叫李胜天，我问他，他说："我打出生以来就有一种使命感，我要战胜老天，站上世界之巅。"

我问："那你难道不想证明给你爸爸看吗？"

他说："他不配。"

李胜天也不知道怎么战胜老天，他只知道自己要一路往上爬，努力学习，考研究生，赚钱，结交更多的人，让自己变得更强大。

而在谈恋爱这件事上，李胜天每次交的女朋友随着他努力的阶段不同都不太一样，不是说各有千秋，而是每次都有"进步"。随着他从高中读到了研究生，他的女朋友也从村长的女儿，镇长的女儿，矿主的女儿变成市长的女儿。但是好像每次结果都不太好，他和每一任女朋友都吵架，前女友们没有一个能感到踏实的，最后都和他不欢而散。

小可，是李胜天现任女朋友，也是我的好朋友。小可家里有军方背景，她从来不让我问她爸到底是什么级别，说怕吓着我，怕我不愿和她真心交朋友。

我开玩笑说："那怎么会呢！那当然是军衔越高，真心越多了！"

对于小可为什么会和李胜天在一起，我从来没有好奇过。我和小可一起长大，从来没见过她爸爸，她爸爸永远在忙自己的事情。小可渴望爱，渴望爸爸的关注，于是小可成了人们口中的"吸渣男体质"，只要男生对她好一点点，她便付出所有。

我一直觉得那些男生本可以不是渣男，但是小可把他们变成了渣男。小可全心全意的付出永远有附带条件——关注我，陪伴我，只喜欢我一个人，不准和其他人在一起，不准和朋友出去玩。

男生们总是快速地"光顾"小可，付出少量努力就能获得很大的"好处"，但是又受不了小可的要求，所以总是在发生完关系之后就迅速地逃走了。

于是，小可被"渣男们"伤害了几次之后，人生信念动摇了，她觉得没人会真的爱她，所有人都是在玩弄她的感情，于是小可变成了一个非常敏感的人，还落下了一个病根：她觉得只要男朋友不回她的信息，就是和别的女生在一起。当然，她也知道这种想法不合理，所以索性关了消息提示。每次我给小可发信息，她总是隔好长时间才回复，因为她只有在心情舒畅的时候才看手机，看完手机，回复完信息，便又去调节心情了。

所以小可和李胜天的组合，从某种程度上来说是各取所需。

李胜天交往过村长的女儿，镇长的女儿和市长的女儿，他的自我认同感从一个村里来的小伙子，一下变成了和市长的女儿谈过恋爱的优秀青年。而他的下一个挑战，就是小可。李胜天意志坚定，想和小可结婚，从此进入精英阶层，身披盔甲，手举大炮，向老天爷发起攻击。

和李胜天在一起三个月后，小可问我："你觉不觉得我最近变温柔了，不再那么敏感了？"

我说："废话，有这么一个专一的男朋友，天天随叫随到，任你差遣，只关注你一个人，为了你什么都能做出来，你可不就变温柔了嘛。"

随着小可和李胜天交往的深入，半年左右的时候，麻烦来了。小可和我说："我们两个的关系出问题了。"

我问："怎么了？"

小可说："我不是有很多朋友都是含着金汤匙出生的吗？自从上次让李胜天见了我的朋友后，他不知道抽了么风，天天都在诋毁我的朋友们，说他们整天就知道吃喝玩乐，不努力，还觉得他们看不起他。有时候，他甚至说我学习不好，长得也就那么回事，只会花钱享乐，一点儿上进心都没有。我不知道他为什么要这么说我，但是我一直对他很好，我知道他家里没什么钱，所以我在经济上非常照顾他，不怎么让他花钱。但他竟然这样说我，我真的是无语了，你告诉我到底该怎么办呢？"

我说："可能没有什么好办法，我觉得是你威胁到他'存在的价值感’了。简单来说，就是伤自尊了。要解决这个问题，你可能得‘不存在’。”

小可说：“你不想办法就算了，怎么能这么说？”

我说：“每个人都在寻找自己存在的价值，小天自记事起，存在的价值就被他爸爸否定了，更确切地说，是他妈妈。他妈妈让小天仇视他爸爸，但这对一个孩子来说简直是毁灭性的打击，被最应该爱自己的人否定了自己存在的意义和价值。小天既不能接受自己的存在，也不能接受自己的失败，所以他想要超越一切，甚至超越老天爷，于是给自己起名叫胜天。”

小可问：“那跟我和我朋友又有什么关系，他完全可以超越他的老天爷，我会永远支持他，我的资源和平台就是他的资源和平台。再说了，他跟我在一起，不是也有这种目的嘛，我完全理解，但我还是喜欢他，我心甘情愿。”

我说：“你没听明白我的意思。他被他最重要的人否定了自我价值，他没办法接受‘现实的自己’，所以他给自己创造出了一个‘幻想的自己’——李胜天。他不断追求高官的女儿来满足幻想的自己，认为自己越来越厉害了。但是厉害这个东西，当然是有参照的，他原来的参照是他生活在农村的抛弃他的父亲。但是当他进入了你的圈子，他参照的群体就变了，他再一次从根本上否定了自己，为了不让自己被否定，他只能否定你和你的朋友了。”

小可说：“那我要是不让他接触我的朋友们呢？”

我说：“他们已经见过面了，敌人没必要是现实中的，更多的时候是想象中的，你看他一辈子也没见过他爸爸，可他还是仇视他爸爸。他见了你的朋友，就建立了对敌人的想象力，再回避问题已经没用了，而且你还能让他一辈子不见你的朋友吗？他不接受现实，才选择了你，但是见识到了你朋友的背景后，现实给他泼了一盆冷水，他如果接纳现实，便会发生两件事。”

小可问：“什么事？”

我说：“如果他接受自身现实，便不会选择你。如果他接受了你的朋友都是非富即贵的人，他便要承认自己相对你的朋友来说价值更低，于是也便要接受自己没什么价值这件事，但这不是李胜天的“人设”。除非回到过去让他妈妈收回那句话，否则没法改变他。但就算你现在让他妈妈收回那句话大概也没用，因为他这二十多年都是这么生活的，仇恨和追逐已经成了他的生活方式，他现在的一切都是建立在这个基础上的，如果你要让他否定过去，那这二十多年的一切就都没了意义，这会逼死他的。”

小可问：“那有什么办法？”

我说：“你烦不烦，不是和你说了没办法吗？”

小可生气地挂了电话，我们从那之后一直也没联系过。

两个月后，我接到了小可的电话：“朋友，我和李胜天分手了。”

3

自打从学校毕业，开始独自一人生活，小迪就被一种生理上和心理上的不适感笼罩起来了。回到家没有了室友的喧闹，早上起来睁开眼盯着毫无变化的空屋子，小迪感觉到了空虚和死寂。起床是一种努力，走出家门需要勇气，与人交谈也需要克服恐惧。后来她才知道，这种感受叫作被孤独绑架。被孤独绑架之后，她迷茫地度过了一段日子，如行尸走肉般，目标感缺乏，时常质疑自我。

后来她决定不能再自甘堕落了，她要出去参加活动，认识更多的人。此后，她经常参加各种各样的活动。她发现自己在参加活动的时候会很快乐，于是她沉浸于此，期待着每个周末的活动。时间长了，每周和她一起活动的人稳定了下来，她好像也并不感到特别孤独了，她已经融入了这个圈子，开始感觉很舒适。于是她产生了一个新的念头——找一个男朋友。

本来她并不在意有没有男朋友，但是在这样放松的状态下待久了，她开始感觉自己活在了一种无意义和无目标的快乐之中。人活着需要目标。小迪也认为："我需要一个男朋友。"

"圈子里有15个人，7个男生，我感觉自己和小狼的关系还不错，要不要试着发展一下？"小迪心里想。

小狼和小迪的情况差不多，也有着一个寂寞的灵魂。小狼几乎和小迪在同一个阶段产生了相似的想法，与此同时，他也感受到了小迪的靠近。

不知为何，小狼觉得和小迪在一起的时候非常舒服，也感到非常安心，所以他也向小迪靠近。唯一的问题是，小狼感觉自己对小迪好像没有男女之间的感觉。和小迪在一起的时候，小狼的注意力更多的是在自己身上，他可以专注地做自己的事情。

小迪也一样。但是他们的生活中好像也没有其他人可以靠近了，于是小迪和小狼越走越近。他们一起吃饭，一起读书，一起看电视，即使两个人舒服地靠在一起，也都没有产生过非分的想法。

随着春天过去，情况又出现了一些转变。夏天来了，人们的精力旺盛了起来，两个人都感受到了一种无处释放的欲望，开始产生对异性的渴望和幻想。自然地，因为小迪和小狼的生活中只有彼此，所以在每个孤独入睡的深夜和天蒙蒙亮的清晨，他们都会出现在彼此的脑海里，携手跳起爱的华尔兹，直到昏睡，直到清醒。但是当两个人面对面的时候，却又不会对彼此产生这样的感觉和想法。

而这种幻想，在一个炎热的夏夜，被小狼变成了现实。

也许是了解了这个季节人们躁动的春心和无处发泄的荷尔蒙，所以综艺节目《心动的信号》总在 7 月份开播。那天，小迪和小狼一起看《心动的信号》，看到一个特别甜蜜的画面时，小迪一下子被甜到了，正准备和小狼探讨这个画面。她转过头却发现小狼正在看着自己，小狼的脸越来越近，小迪没有躲避，柔软的嘴唇慢慢地靠在一起。

从那以后，他们成了真正的情侣，每天一起吃饭、看电视，做着恋人才会做的事。直到 10 月过去，屋里屋外全是寒意，他们依旧彼此相依，却失去了对彼此的激情和兴趣。

小迪最先感受到了自己身体和心理上对亲密接触这件事的抗拒，紧接着小狼也发现自己在亲热的时候根本无法集中注意力。

两个人从最初的相互取暖到引火烧身，再到现在的一盆冷水，他们的感情终于走向了完结。

4

相爱三年，小狐狸劈腿了，小兔子很伤心。小狐狸跑来和小兔子说：“兔兔，我爱你，但是我被小狗子吸引了，我想跟她试试，如果不合适，我再回来找你。”

小兔子哭得更伤心了，她说：“我们在一起三年了，双方爸妈都见过了，我早就已经把你计划到我的未来里了，你也早就已经是我的全世界了。你现在因为被别人吸引就要离开我，还要让我等你，你为什么这么自私？”

小狐狸说：“对不起，兔兔，我也无法控制我自己。”

小兔子说：“好，你去吧，我等你。”

小狐狸和小狗子好了三个月，小狐狸慢慢发现了一件事，那就是小狗子之所以吸引他，是因为他们太不相同了，但也正是因为这样的不相同，他们两个很快就没有共同语言了。

小狐狸发现自己无论有什么事情还是想和小兔子分享，只有小兔子才能给他温暖，才能像家人一样支持他。

于是，很快，小狐狸和小狗子分手了，他又回到了小兔子的身边。

毕竟是失而复得。一开始，小兔子还是挺高兴的，但是她在这种高兴中隐约意识到了一种奇怪的感觉，一种微微的抗拒感。不知道从哪一刻起，她从心里开始无法接受小狐狸了。

最初是一种本能的不信任，无论小狐狸现在对她有多好，有多想补偿自己的过错，小兔子都觉得这种好总有一天会消失。后来这种感觉变成了不管小狐狸对她有多好，小兔子总感觉自己正在被补偿和被施舍。她认为小狐狸对她的爱不是发自真心的，甚至小狐狸对她越好，她心里越反感。小狐狸也意识到了小兔子的变化，好像自从他回来之后，无论他做什么，小兔子好像都不满意。

此后的三个月里，小狐狸不断付出，努力弥补。而小兔子始终不信任小狐狸，无法接受小狐狸的付出。

终于有一天，不断付出但又得不到回应的小狐狸终于感到累了，说："兔兔，我们分手吧。"

小兔子突然就炸了，她质问小狐狸："为什么？你怎么又要和我分手，上次没玩够吗？"

小狐狸说："不是，这回是真的分手，对不起，我累了。"

小兔子说："什么你累了？怎么你累了？"

小狐狸说："我感觉你变了，我已经在你身上找不到原来那种家的感觉了。"

小兔子说："到底是谁先变的，你把话说清楚了。我确实变了，我无法信任你，无法接受你，但是我变成这样，是不是你的错？"

小狐狸说："是的，没错，是我的错。"

小兔子说："那你有什么资格和我提分手？"

小狐狸说："我知道我没有，但是对不起，我真的累了。我们两个这样下去不会有好结果的，一切都是我的错，但是事已至此，就这样吧。”

小兔子说：“什么叫就这样吧？我不要这样！”

小狐狸说：“是我先打破了我们之间的信任，这个需要很长时间来修复，可能一年，两年，或者更长时间，没关系，我都愿意去弥补。但是真正的问题，是你和我的自尊都受到了伤害。我选择了别人，本来就打击了你一次，我跟别人分手后再回来，又打击了你的自尊。你又是一个自尊和自立的人，你聪明又优秀，怎么可能受得了这个。但是你唯一可以找回自尊的方式，就是将自尊建立在我的身上，因为一开始是我伤害了你的自尊。所以无论我做什么你都不会满意，你都想打击我，打压我，我知道这不怪你，一切都因为我而开始，一切都是我的错。但是事已至此，我也受不了你每天这样的打击，我真的很累，我们分手吧，这样对谁都好。”

小兔子说：“你说得没错，那就这样吧。”

5

张三猫第一次遇见李二狗是在一次大使馆举办的留学生活动上。那场活动有 30 多个留学生参加，一大半都是女生，二狗那天打扮得并不引人注目，但是眼睛里却闪着光，三猫在人群中一眼就把她挑了出来。三猫一直不知道二狗哪里吸引了他，但是他一整晚都在看她，目光炙热，看得二狗不敢抬头。

晚饭时间，三猫毫不犹豫地坐在了二狗的旁边。趁着吃饭，三猫开始制造话题，这一桌人终于熟络了起来，三猫也和二狗搭上了几句话，三猫好像也感受到了二狗的热情。可能是二狗也注意到了三猫，因为这么正式的大使馆活动，就只有三猫没穿正装，不仅没穿正装，他还整晚都在胡说八道。

人们问三猫："你怎么老胡说八道啊？"三猫说："你们知道李诞吗？《吐槽大会》那个。我和他是老乡，在我老家，胡说八道也是一种本领！"二狗惊讶地说："什么？三猫同学，咱们是老乡，难怪我感觉你这么熟悉和亲切！"三猫也惊呆了，原来让自己在人群之中找到二狗的，竟是同乡气质。

然而，在三猫和二狗读书的年代，当地许多人并不是很崇尚上学。三猫逆流而上成了一名博士生，没想到二狗竟然也一样。相识后的一整个晚上，二狗和三猫都在聊对方以后想去哪个城市生活，虽然他们对彼此根本不熟悉，也什么都还没发生，但两个人就好像已经开始计划未来在一起的生活了。

第二天，三猫主动约着二狗一起去图书馆学习，两个人一起待了一下午。学习的间隔，两个人去咖啡厅聊天，三猫意识到自己和二狗说话的时候，一方面全然克制不住自己想表现的冲动，总想说一些事情来凸显自己有多么厉害；另一方面完全失去了对自己行为的掌控，新买的咖啡"哗啦"洒了一身。这种对自己行为的失控感瞬间让三猫产生了一种恐慌，他觉得和二狗在一起，自己就会失控，所以还没等到晚饭，三猫就仓皇地逃走了。

第二天，三猫和老妈视频聊天，聊着聊着，老妈突然问了一个让三猫吃了一惊的问题：“你朋友圈里合影中的那个女孩是谁？我非常喜欢！”

三猫说：“哪个女的？”

老妈说：“就站最中间，戴眼镜，穿黑色裙子的那个。”

三猫一听，吓坏了，老妈指的女孩就是二狗啊。没想到老妈还没见过真人，仅凭气质，也同样选中了二狗，这是怎么回事？三猫再仔细一看照片，发现二狗像极了年轻时候的老妈。

三猫恍然大悟，其实二狗之所以吸引他，不仅仅因为两人是老乡，还因为二狗长得像老妈。也难怪三猫面对二狗的时候，像个智障，毕竟是见着“妈”了。

三猫和二狗那一代人，不知是文化原因，还是时代原因，爸妈“关心”得比较全面，所以培养了很多“傻”孩子。三猫这个“傻”孩子突然有一天自我的意识觉醒了，他决定不再“傻”下去，他要逃离父母，形成独立的人格。于是，他从高中毕业之后一直在外面学习，而且越学越深入，最后学成了博士。父母的指指点点总会让孩子们失去独立判断的能力，孩子们就陆续变成了“傻子”。

只要父母不再指指点点，三猫就能“恢复智力”。所以三猫认真学习，就算再笨，也要考研考博。这样，当他以博士自居的时候，爸妈就失去了指导能力，有时他还能反过来对爸妈进行指导。他想深入爸妈不了解的领域，再跑到爸妈不了解的地域，三猫博士一下子跑到了欧洲，于是从此生活和学习都获得了自主权。

三猫不敢考公务员，因为他老妈当了一辈子公务员，一旦三猫成了公务员，老妈这三十年的工作经验，至少还得再指导三猫三十年。于是，三猫这些年一边逃得远远的，一边学得深深的，终于感觉自己不是个“傻子”了。

此时，三猫明白了自己对二狗一见钟情的原因，这是一种既熟悉又独特的感觉。他也明白了自己想要逃跑的原因，爱情会让他失控，让他变回“傻子”。而他不想傻，他想精，而唯有逃离，才能变成聪明人。

面对一见钟情的女孩，三猫在第一次接触后便逃跑了。

6

（1）

爱情甜蜜又痛苦，你好我是造物主。

造人之初，我在人脑中插了两条多巴胺通路（Dopaminergic Pathways，图 1-1）：一条插进了前额叶（Prefrontal），另一条插进了基底节（basal ganglia）。与此同时，我把你们的“自我”放进了前额叶，把你们“喜欢的人”放进了基底节。而多巴胺是让你们产生快乐的物质，于是你便知道，在爱情中存在两种快乐：自我被认同的快乐和被他人吸引的快乐。

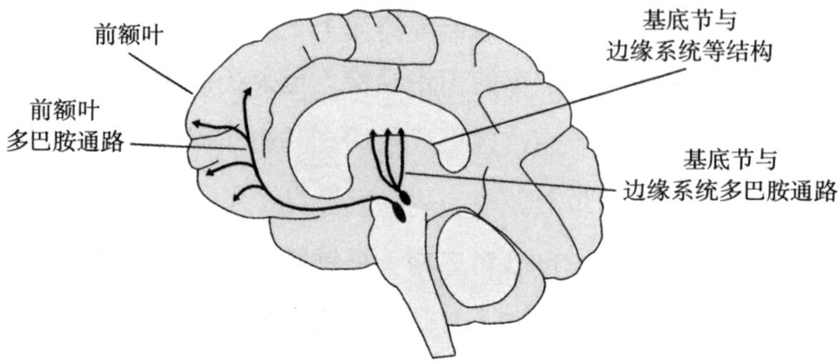

图 1–1　大脑中的多巴胺通路

但是爱情又让你们痛苦，因为这两种快乐永远在相互撕扯（Humphries, 2012; Kayser et al., 2015）。只要被他人吸引，你便会失去自我，你会失控，你会感觉自己是疯狂的；但是如果你太过自我，你又难以从他人身上获得快乐，而且你会难以获得他人的认同，你会自我质疑，你会痛苦。

李胜天因为从小被最重要的人否定了自我，所以他的一生都在追求自我认同。那李胜天对小可的感情是不是爱情呢？可能是，也可能不是。至少在李胜天的眼中，爱情就是那个样子，他爱的人都能让他感觉自己更有价值。但这种爱情并不符合大多数人眼中的爱情，因为在李胜天的心里，只有自己，而没有对方。所以在李胜天的爱情中，他从不愿意放下自我。当他看见小可的富二代朋友们时，李胜天的自我被否定了，他开始自我质疑，他疯狂了。

小可似乎也不算真的爱李胜天，但是在那个时候，小可的眼中，她最需要的爱情就是那个样子，对方有一颗坚定的心永远守护着自己。小可最关注的人也是自己，她心里清楚，李胜天是她需要的人，是能治愈她的人，但是这个角色也可以由别人来扮演。如果李胜天没有因为遇见小可的朋友而自我崩塌，或许有一天，等小可被治愈了，安全感充足了，她最终会把注意力放在那些真正吸引她的人身上。

其实我们每个人都需要别人，但是需要并不意味着被吸引。当你和一个你需要但是不吸引你的人在一起的时候，你能好好地做自己，从某种程度上来说，你是快乐的，但并不是完整的。这个时候，虽然你大脑中前额叶的多巴胺通路正在快乐地放着电，但你总觉得少了点什么。

就像小狼和小迪的爱情，在那段时光中，他们是彼此唯一的陪伴，他们互相理解和支持，他们以为那就是爱情。他们受到内在欲望的驱动建立了关系，但这并不是因为对方的独特人格和吸引力。一旦自身的欲望消退，这种爱情便消失了。

所以我把第二条通路插进了基底节，这里靠近大脑的边缘系统（limbic system），是人们所说的原始欲望和冲动存在的地方。这里时刻用情绪评估着你和外界环境的关系，那种天然地被别人吸引的冲动正自这里产生。这里代表了另一个你，一个不受“自我”控制的“本我”。

所以建立在“被吸引”基础上的爱情往往都是后知后觉的，你的“本我”会替你做主挑选喜欢的人，选中之后它便会爆发出强烈的信号。这是一种强烈且复杂的情绪，惊喜、快乐、失控、慌张，全都融合在一起。

为什么爱情中快乐和痛苦同在？

因为在你的基底节神经通路被激活的时候，大脑里的血液全都往里面冲，而前额叶和基底节离得太远，这时候前额叶一下子失去了很多血，于是你感知到对方带给你快乐的同时，又意识到了因为自我“失血”带来的失控感。所以当你被一个人所吸引的时候，你的失控既有心理原因，也有生理原因。

“本我”在发现了吸引你的人的时候，有两种思路来告诉你：一种是日久见人心式的，比如你和某个人本来是死对头，天天打架，突然有一天你意识到自己好像开始关心他，他不在的时候还会想他，你在感知自身情绪的过程中不断地意识到你好像喜欢他，这种感觉久了，你便认定，你就是喜欢他。另一种是一见钟情式的，就像三猫认识二狗的过程，就在一瞬间，你的“本我”已经替你做了决定，给你“灵光乍现”的感觉，告诉你“就是这个人”。

在“本我”存在的边缘系统里有个东西叫海马体，脑科学研究证明（Luo and Niki, 2003），在“灵光乍现”的感觉出现的时候，海马体会有强烈的激活。海马体是负责大脑里新旧信息相互联系的组织，当外部信息和头脑内已有信息匹配的时候，海马体就会被激活。所以我们有理由认为，在一见钟情的那个瞬间，你的“本我”替你做出了判断：这个人就是我一直以来都在寻找的理想型。所以，在一见钟情之后，虽然和二狗在一起无比快乐，但是三猫也体验到了一种“因为前额叶失血而失去自我”的冲动和痛苦。

因为爱情中两条多巴胺通路互相拉扯，喜欢的人就存在两个极端：白玫瑰和红玫瑰，赵英男和小红。赵英男带给你内部认同，小红带给你外部吸引，内部认同和外部吸引对爱情来说，缺一不可。

缺了自我认同，李胜天的自我崩溃了，缺了外部吸引，小狼和小迪之间就只剩下了亲情。但是又因为在大脑里，这两条通路在快乐的时候互相抽走对方的血液，所以很难维持平衡。所以一般人的爱情中有幸福和快乐，也有纠结和痛苦。

现实中有没有可能存在一种理想化的爱情——粉玫瑰呢？对方既吸引你，又能让你做好自己。可能在面对粉玫瑰的时候，你的两条多巴胺通路在互相撕扯的过程中形成了一种动态的平衡。简单来说，这个人既能带给你恰到好处的自我认同感，也能带给你恰到好处的相互吸引力。这样的人通常被人们定义为真正喜欢的人，而真正喜欢的人大多有一个特征，即“熟悉又独特”。熟悉的人会理解和认同你，而独特的人会吸引你，这也许便是真心喜欢。那粉玫瑰为什么一定非得是熟悉又独特的人呢？

（2）

你好，我是一个单细胞生物，熟悉与独特的故事由我来讲述。

喜欢一个人这件事本身非常复杂，因为人脑本就非常复杂，每个人对喜欢和爱情都有不一样的理解。下面，我将站在我的角度来解释一下什么是喜欢。

我刚出现在这个世界上的时候，人类还不存在，虽然现在人类很厉害，但是在这个广袤的宇宙里，你我身上其实有很多相似的规律。比如，我们的基本动机都是生存，基本行为原则都是趋利避害，我们也都发展出了条件反射来快速应对来自环境的挑战。虽然人类在这个基础上发展出了认知和情绪，然而你我生存的基本目的一直都没有变。

那么，从我的角度来看，什么是喜欢呢？让我从头讲起，作为一个弱小可怜的单薄生命体，我第一次出现在这个世界上的时候，什么也不懂，我要做的第一件事就是适应环境，确定我是不是能生存下来。适应环境的过程除了去外面的世界，还有一件很重要的事就是找到和我一样的单细胞生物，而且越多越好。

为什么要找到和我一样的单细胞生物呢？因为我们有相同的基因，只要让我知道，这个世界上还有很多和我一样的生物，就意味着我身上的基因在适应环境的过程中是成功的，毕竟同伴都生存下来了。然而，一旦我发现和自己不一样的单细胞生物，我就会自我质疑。我看着对方，心里盘算着："咱俩完全不一样，但是凭什么你也生存下来了？达尔文说自然筛选基因，为什么没筛掉你？还是说，环境正在发生变化，我就要在完全不知情的状况下被淘汰了？"

你们来说说，我的情况是不是和你们人类一模一样：人类只要遇见相似的人，就会被感动，但是遇见差别很大的人，心情就会十分复杂。然而，我又不喜欢和自己完全一样的存在，我喜欢的是那种：在大部分特征一样的基础上，又有"一丁点"不一样，也就是你们人类说的"熟悉又独特"。

为什么？

首先，其他个体与我大部分特征的相似性会增强我的自我认同感，让我感到我是能适应环境的，是安全的。其次，有"一丁点"不一样会让我觉得你的基因在适应现有环境的基础上又产生了新的变异，而这种新的基因变异，很有可能更加适应不断发生变化的新环境。因而，和这样的个体发生关系后，就意味着获得了更高的生存率。所以在找到和自己一样的群体后，我便把注意力放在那些能吸引我的新型基因上。

就像人类一样，你们必须先找到自我认同，才能被喜欢的人吸引，就像大部分人都是先找到朋友再找到爱情的。秋水也是先和赵英男在一起，之后才爱上小红的。一旦你不小心进入了一个和你差别很大的“朋友圈子”里，在完全融入这个群体之前，你可能很难对其他人产生真正的喜欢，因为你会充满自我质疑，你的注意力完全在寻求自我认同上。

所以喜欢的人一定是熟悉又独特的，先有熟悉，再有独特，而且熟悉要大于独特。在恋爱中没有熟悉的独特，会让对方感受到压力。比如，你是一个普普通通的人，你的恋人却是一个会说六门外语，长得好看，琴棋书画样样精通的有钱人，你就会自我质疑，这样的人为什么会和我在一起？你没有安全感，并且不断质疑自己适应环境的能力。

我知道年轻人对于爱情很迷茫，有的人圈子太小找不到另一半，有的人圈子太大不知道该找谁。但是我想说，如果有一天，你遇见了一个人，他既能理解你，又能吸引你，那个人就是你最合适的伴侣。

（3）

存在需要活着，活着就要快乐，如果不快乐，就会走向灭亡。

多巴胺是为我们提供快乐的物质，象征着人类一切行为和动机的源泉，尽管我们都知道这样的描述过于片面甚至错误。但是人类认识世界的过程就是从简单和片面入手，不断寻找证据并完善对事物的认知。所以在接下来的论述中，尽管很多地方失之偏颇，但是多数内容是基于大量的经验观察并结合心理学和脑科学的知识。这里有明显的谬误，也有真知灼见的洞察。你的大脑会下意识地批判谬误，但保持开放和接纳的心态，也有可能从谬误中找到触及真理的启发。

我的第一个谬误就是，其实主要的多巴胺通路不是两条，而是四条，它们分别是：

· 黑质—纹状体（nigrostriatal）通路，投射至基底节，与运动或动作有关，受损会引起动作迟缓。

· 中脑—边缘系统（mesolimbic）通路，投射至边缘系统，该通路激活时人脑会产生愉悦的体验，抑制时会引起不良情绪。

· 结节—漏斗（tuberoinfundibular）通路，投射至脑垂体，调节内分泌，特别是可以调节促性腺激素的分泌。

· 中脑—皮质（mesocortical）通路，投射至前额叶，与高级认知活动有关。

从大脑结构来看，前三条多巴胺通路靠近边缘系统，与本能有关，而第四条通路，直入前额叶，负责自我意识和自我控制。（图 1-2）所以从这个角度来划分，可以把四条多巴胺划分成两个系统：前额叶系统和边缘系统。而这两个系统因为互相抢占血液里的氧气和葡萄糖来活化自己，寻求快乐，于是便形成了一种对抗效应。

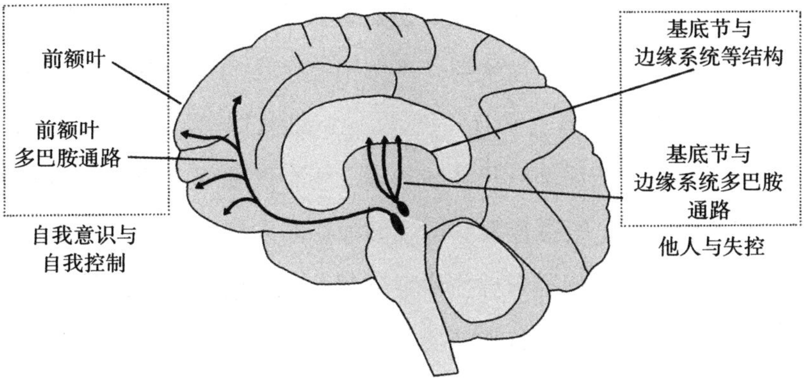

图 1–2　大脑中的自我与他人

边缘系统的三条多巴胺通路分别负责动作、情绪和性欲，所以当爱情出现时，你会坐立不安，小动作增加，拨弄头发，情绪愉悦，性欲增加。而前额叶与自我意识有关，负责高级的认知控制和动作控制，所以当爱情出现时，随着边缘系统的激活与前额叶的失活，你便失去了对自己的控制，这也许是因为前额叶血液中的葡萄糖和氧气都被边缘系统抽走了。所以爱情意味着失去自我，而产生爱情，可能需要对方具有熟悉与独特的特点。

这里的第二个谬误就是：企图去定义爱情。爱情和艺术一样，不可以被定义，因为每个人对它们都有自己独特的解释。一旦有人试着去定义爱情或艺术，其他人大脑的“意义机制”就会下意识否定这种定义，因为这种定义伤害了其他人的意义和价值。否定了意义和价值，快乐就会消失，人就会走向死亡。就像人工智能是永远无法超越人类并拥有真正的情感和创造力的，不是因为不可能，而是因为人类的自我不允许。

前面从基因的角度讲了爱情是熟悉又独特的。熟悉的人可以给你自我认同，让你放心地生存，不用担心自己的基因是否能适应环境。但是独特的人身上又有“优秀”的基因，一旦环境发生变化，这种基因很有可能增加后代在新环境下生存的概率。所以基因为了延续和传递，一定会抓住那些熟悉又独特的人。

在人群中，人们通常会先注意到那些熟悉的人，和熟悉的人形成一个圈子，然后再寻找独特的人。在找到让你感到亲切又熟悉的朋友圈子后，为什么独特的人会引起你的关注？这个过程的大脑机制是怎样的？让我们看看爱情存在的边缘系统里三个有趣的结构（图 1-3）——海马体（hippocampus）、杏仁核（amygdala）和前扣带回（anterior cingulate cortex）。

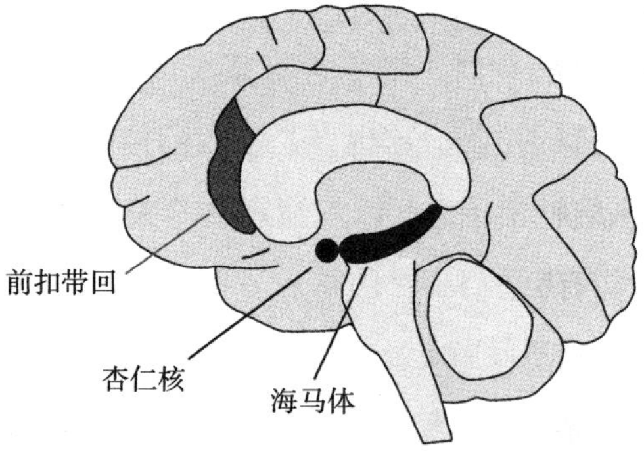

图 1-3 海马体、杏仁核和前扣带回

简单来说，海马体负责人脑在处理外界信息的过程中“新信息”与头脑中“已有信息”的对比和匹配（Luo and Niki, 2003），比如你初次见到一个人，你会一边观察一边根据已有经验来判断他的来历。前扣带回与“冲突监控”有关（Botvinick, Cohen, and

Carter, 2004)，如果你觉得这个陌生人和你经验里所有的刻板印象都匹配不上，你就会产生内心冲突。杏仁核与恐惧和焦虑等情绪有关（Ressler, 2010），内心冲突势必引发一些情绪，进而驱动你的行为。

比如，你看见一个和你“非常不一样”的人。

海马体说：“这和我脑子里的信息匹配不上。”

前扣带回马上大喊：“哎呀，妈呀！”

杏仁核说：“我好害怕！”

然后边缘系统向自我意识传达信号：“有诈，害怕，快跑！”

再比如，你看见了“爱情”。

海马体说：“这个人和头脑里的给我亲切感的形象 80% 都匹配得上，但又有一点不一样。”

前扣带回：“咦，哪里不一样呢？”

杏仁核：“有趣！”

然后边缘系统向自我意识传达信号：“这种感觉好熟悉、好亲切，但是又好像有哪里不太一样。有趣，咱们上！”

讲到这里，有个要探讨的问题是：爱情里的“熟悉”指的是什么？这种熟悉和亲切的感觉又来自哪里？很容易想到，对于大多数人来说，这种“熟悉感”的原型可能来自父母。比如，对一个刚进入青春期的男孩来说，吸引他的女生可能在某些程度上与他的母亲比较像，因为情窦初开的人头脑里“预装的”用来理解他人的“原型”就是父母。而随着一个人感情经历的丰富，头脑里的“原型”也有可能变成我们的前任。但是总的来说，一见钟情的时候产生的

“熟悉和亲切感”是基于头脑中已有的“原型”。而“独特”在爱情里的本质可能是“新颖”，或者人们常说的“新鲜感”。人们在熟悉的环境中待久了，便不会特别注意环境，除非环境中有一个新的东西吸引了人们的注意力。

所以这么看来，“熟悉”这个元素可能给人们提供了一个安全和自我认同的“环境”，从而使前额叶的“自我控制系统”放下戒备。相对地，来自边缘系统的本能和欲望便顺势爆发，并瞄准让我们感到“独特”的那个个体。然而，大多数人的爱情有一个问题就在于，“新鲜感”早晚会消失，两个人迟早会变成一个人，你的左手迟早会变成我的右手。于是，因为太过熟悉，两个人便不再互相吸引，爱情就成了亲情。目标不在彼此身上，便会转移到其他人身上，于是人们不愿意看到的事情就发生了。

（4）

理想的爱情是熟悉又独特的。熟悉意味着给你自我认同，让你的前额叶放下戒备。然后边缘系统被激活，在安全的环境下激发出欲望。而独特意味着注意力的吸引，当熟悉的感觉激发出你的欲望之后，你会注意到谁，你就会喜欢上谁。

熟悉的感觉是爱情的前提，而“独特”会比较复杂。如果你能很好地融入你所在的环境，获得大家的认同和喜欢，有一群志同道合的朋友，那独特对你来说就是“不一样”的人。但是如果你还没找到自己存在的意义和价值，你的圈子里没有和你一样的人，那独特对你来说，就是“和你一样的人”。（图 1-4a）

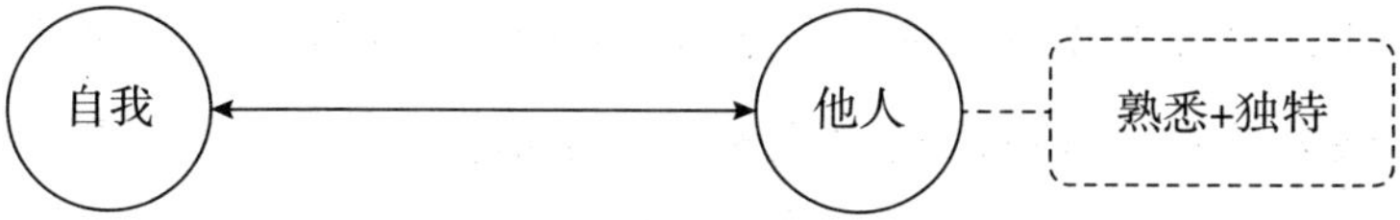

图 1-4a　自我与他人的关系（一）

当你和一个人在一起之后，你与对方的关系，以及“熟悉与独特”的感觉，就处于一种动态的变化当中。在一起越久，越熟悉，彼此之间的相互吸引便越少，而你也会因此越来越自我关注，直到有另一个吸引你的人出现，你就变心了。（图 1-4b）

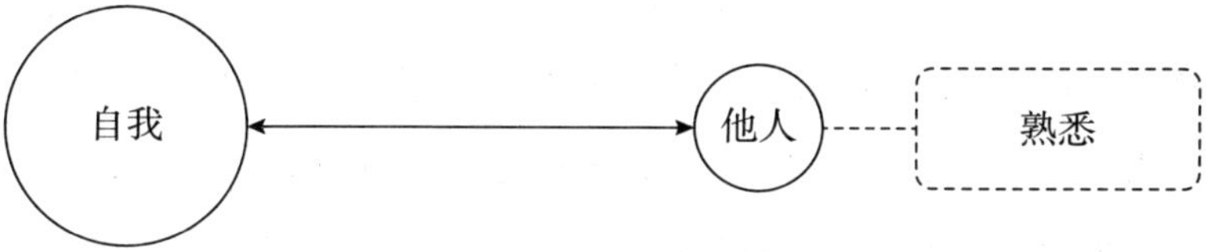

图 1-4b　自我与他人的关系（二）

但是也有这样的情况：刚在一起的时候觉得熟悉又独特，但是在一起久了，却发现对方和你想象的完全不一样，甚至有些过于“独特”。在沟通的过程中，“三观”的不一致让你们开始自我质疑和相互质疑。如果你在这场质疑中败下阵来，你的自我就会变成月亮这么小，而对方的自我，就变成了太阳那么大。（图 1-4c）

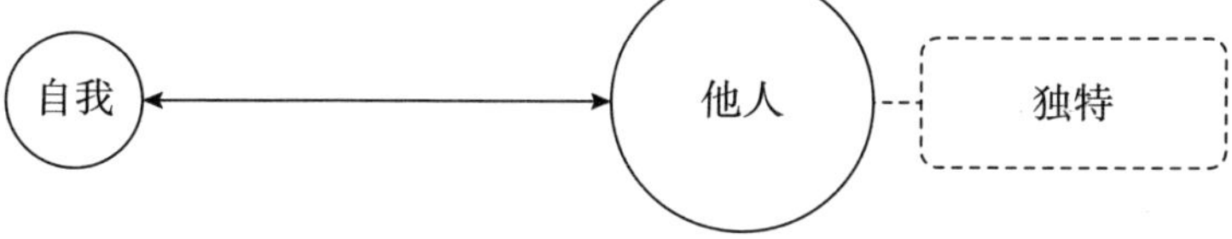

图 1-4c　自我与他人的关系（三）

而如果在“三观”的斗争中，你占据了上风，那你的自我又会变得很大，对方就开始产生自我质疑，于是你变大的自我又开始自我关注，对方被你的自我打入死牢，你们的关系还是会走向终点。

张爱玲在《红玫瑰与白玫瑰》中说道："也许每一个男子全都有过这样的两个女人，至少两个。娶了红玫瑰，久而久之，红的变了墙上的一抹蚊子血，白的还是'床前明月光'；娶了白玫瑰，白的便是衣服上沾的一粒饭黏子，红的却是心口上一颗朱砂痣。"

白玫瑰给你自我认同，认同久了，你的自我就大了，于是你想寻找红玫瑰；红玫瑰给你强烈的吸引，吸引久了，你就疯了。

但是，世间也许还存在一朵粉玫瑰，你们有命中注定的缘分和心照不宣的默契。你们互相理解和认同，你们彼此吸引和关注。不是因为穿着外貌，也不是因为金钱和地位，尽管人海茫茫，对方的身上却发着光，你们在一瞬间就能在人群之中找到彼此，更能在彼此的眼睛中看到星星。

找到彼此，靠的是熟悉的感觉，看到星星，是因为独特的吸引。

而粉玫瑰的爱情，无法被定义，这是属于你自己的独特存在。

但是，想找到粉玫瑰，你可能先要找到你自己。

注

在很多资料中都有关于多巴胺通路的种类和功能的详细介绍，但是对于多巴胺通路中前额叶和基底节之间的对抗（tradeoff），目前是从行为的结果来进行推测的。主要表现在决策中的充分利用（exploitation）和继续探索（exploration），或认知控制中的持续性（persistence）和灵活性（flexibility）之间的对抗，从而来推断多巴胺通路在发挥不同功能时有对抗的特性，并把它与本文主题联系起来。另外，多巴胺作为一种神经元之间传递信息的神经递质，它在影响大脑的过程中受到很多神经递质的共同作用，比如去甲肾上腺素或血清素等。严肃来讲，仅描述多巴胺系统及其相关大脑区域并不能完全代表复杂的人类认知和神经活动。

相关文献

Botvinick, M.M., Cohen, J.D., and Carter, C.S. 2004. “Conflict Monitoring and Anterior Cingulate Cortex: An Update.” *Trends in Cognitive Science* 8（12）: 539–546.

Humphries, M. 2012. “Dopaminergic Control of the Exploration-Exploitation Trade-off via the Basal Ganglia.” *Frontiers in Neuroscience* 6（9）: 9.

Kayser, A.S., Mitchell, J.M., Weinstein, D., and Frank, M.J. 2015. “Dopamine, Locus of Control and the Exploration-Exploitation Tradeoff.” *Neuropsychopharma* 40（2）: 454–462.

Luo, J. and Niki, K. 2003. "Function of *Hippocampus* in 'Insight' of Problem Solving." Hippocampus 13 (3): 316–323.

Ressler, K.J. 2010. "Amygdala Activity, Fear, and Anxiety: Modulation by Stress." *Biological Psychiatry* 67 (12): 1117–1119.

第二篇

找自己

1

（1）

在上海通往北京的绿皮火车上，我第一次遇见小胖，他有点儿驼背，穿着绿色的格子衬衣、黑色的运动裤和蓝色的旅游鞋，上车的时候他还帮周围的每个人放了行李。他看起来性情温和，但是又透着一点古怪，我的目光有时扫过他，与他对视，却在他的眼睛里看不到任何东西。我感觉我们之间隔着一层结界，尽管我们存在于同一时间和空间，但是又好像无法产生交集。

我将这种古怪的感觉搁置在一边，在接下来的几个小时里听着音乐，看着窗外的风景，慢慢闭上眼睛，睡了起来。

“车厢里有炸弹！”

迷迷糊糊之中，不知是谁大喊一声将我的意识一下子从睡梦中拉了回来，这声尖叫仿佛刺穿了我的胸膛，我沉重且快速地呼吸着，睁大眼睛慌张地寻找声音的来源。我看到小胖一个人站在车厢中间，格子衬衣外面套了一件黑色的西装。他和刚才好像不太一样，此时的他站直了腰板，挺起了胸膛，眼睛似乎随时能爆射出金光。

不明情况的乘客们用奇怪的目光看着车厢中间的小胖，没人知道这是怎么回事，但是我的第一反应是，这个人疯了。

“我是 FBI 的特工，炸弹是我带来的，就在我这个箱子里。但是大家不要害怕，有我在，你们就是安全的。”

“扑哧。”一个乘客笑了出来。小胖凶狠地瞪了他一眼，说：“你是不是不相信，信不信我一枪崩了你。”说着，小胖从随身的包里拿出了一把手枪，我不知道他是怎么把这种东西带上火车的，但是可以看出来那是把仿真玩具枪。

那个乘客又嘲讽地看了一眼玩具枪，露出了讥笑的表情。小胖拿起箱子就抡了过去，两人在车厢里扭打在一起。警报响了，乘警迅速出现并带走了发狂的小胖。

这是小胖今年的第六次变身。

（2）

小胖还在上小学的时候，他的父母就离婚了，父母各自赴外地打工，他被留给了姑姑。姑姑没有孩子，把小胖视如己出，对其倾尽了全部的爱。这样的爱一直笼罩着小胖生活的方方面面，无微不至。就算 25 岁的小胖已经搬出去一个人住，姑姑也会每天晚上来家里给他做饭和他一起吃。如果有事不能来，她会在小胖吃饭时专门打电话来：

“小胖，抱电饭锅去餐厅之前，一定要把插头拔掉，打开电饭锅之前要注意别被蒸汽烫了手。吃饭的时候关好窗户，别被穿堂风给吹着凉了。炒菜在锅里，可能有些凉了，你热的时候用燃气灶要小心一点，用完一定要确定火关了再吃饭。吃饭的时候两只手要拿上来，别把左手放腿上，更别抖腿，这样不文雅。吃饭的时候吹一吹再吃，别把食道烫坏了，容易得食道癌。吃完饭把用过的碗筷放到水池里就好，我明天过去给你洗……”

“知道了，行了行了。我要吃饭了，你快忙去吧。”小胖不耐烦地挂了电话，喘着粗气，准备吃饭。

要吃饭，第一件事就是把电饭锅抱到餐厅。然而，从第一件事开始，姑姑已经在电话里提及了接下来的所有操作。小胖去抱电饭锅的时候，满脑子想的都是姑姑的话，他拔下插头，抱起电饭锅，把电饭锅放在餐桌上，打开了电饭锅，蒸汽冒了出来，他赶紧把手拿开。他一边吃饭，一边抖腿，右手拿着筷子，左手在两腿之间自然下垂。此时，姑姑的话从他脑子里冒了出来，让他不要抖腿，把手拿到桌面上。他想反抗，想把姑姑的话从脑子里排出去，于是他腿抖得更厉害了，但是却发现这样没法吃饭。然而，如果他停下抖腿好好吃饭，这又正中姑姑的下怀，他就不能自己做主了。抖也不是，不抖也不是。就在这个时候，外面刮起一阵大风，穿堂风从窗户吹进来，吹到小胖的脸上，他看了一眼没关的窗户，满腔怒火，原地爆炸，把桌子掀了。

这是小胖今年换的第六套餐具。

（3）

你们好，我是小胖的姑姑。对不起，我们家小胖让你们操心了，又“炸火车”，又掀桌子的。

我想先做一个简短的自我介绍：我爸爸，也就是小胖的爷爷，是个孤儿。他凭借强大的个人意志白手起家，创造了后来我们家的幸福生活。他吃过很多苦，为了防止自己的孩子重蹈覆辙，他对我们的要求很严厉，规矩也很多。

所以你们是不是能理解我对小胖“无微不至”的爱为什么如此充满“掌控欲”了吧。如果你们同情小胖的痛苦，老想把错怪到我身上，但是你们怪我，我怪谁去？毕竟我爸就是这样的人。

有一个这样的爸爸其实就挺惨了，加上我是家里的老大，又肩负起了不一样的责任和痛苦。我家一共三个孩子，尽管一般来说，老二才是比较有危机感的那个，一出生上面就有个老大，紧接着又被老三分走了父母的关爱。但是我家的情况比较特殊，在重男轻女的时代里，爸妈硬生生地给我生了两个弟弟。随着老二和老三的出生，我感觉自己越来越不重要，而且爸妈还教育我：“作为大姐，你要让着弟弟，你要明白自己作为大姐的身份和责任。”

所以，为了从弟弟身上夺回爸妈的关注和认可，我渐渐成了一个肩负起家里所有责任的大姐，我无微不至地关心每个人，帮弟弟们承担责任和痛苦，甚至在弟弟离婚后成为小胖的“接盘侠”。我真的是心甘情愿地为这个家庭在付出，爱和责任已经成了我生存的信念。有句话说，你是怎么被对待的，你就会怎么对待别人。所以我是真的爱小胖，用我爸爸爱我的方式，倾尽全力给小胖关爱。

爱，已经成了我生命的全部。

（4）

你们好，我是小胖的爷爷。我觉得我有必要解释一下，小胖的痛苦如果要追本溯源的话也不该让我背锅，要怪只能怪老天爷和那个时代。我是 1942 年出生的，我爸死在了战场上，我妈悲痛过度，生完我之后就随我爸去了。因此，我觉得不能总把自己身上的问题怪到父母身上，这样对父母也不公平。我觉得这一切都是时代和人性互相影响的结果，只有接纳才能放下，然后才能更好地前进。

作为孤儿，我从小承受的最大的痛苦就是一种不安全感和不确定感。为了寻求确定感，我都快把自己变成一个哲学家了，我做什么事情都要总结道理。人们觉得我很有思想，但是我心里知道，我只是为了寻求一种确定感，才把自己活成了哲学家的样子。其实在我身上有很多条条框框，我的内心其实一点也不勇敢，我不像那些在关爱下长大的孩子一样具有探索的勇气。我小心尝试，不断总结，把自己套在一个个思想的框框里，总结了生活中大部分规律之后，终于有一天，我觉得自己安全了。

后来我成了家，有了孩子。有了孩子之后，我唯一不能忍受的事情，就是孩子打破我给他们创建的安全区。我把我的条条框框全都传给了他们，我相信我传给他们的不仅是知识和技能，还有正确的人生信念。

特别是老二出生的时候，我能感觉到老大心理有问题了，老大不快乐了，也不好好学习了。于是我给老大塑造了一个人生信念，作为大姐，要有责任、有担当，要成为弟弟的榜样。是的，给她找点事情做，总比她没什么事天天给我找麻烦强。所以每当她做家务或者让着弟弟的时候，我就会给她奖励和关注，久而久之，我发现老大对于做家务和舍己为人特别主动。看到老大慢慢成为一个这么有担当的姐姐，我也就放心了。

对不起，我也扯得太远了，但是总的来说，小胖的精神问题，真的也不能全怪我。

要不就怪老天爷吧。

（5）

你们好，我是小胖。

对，我是个胖子。我是个胖子，这都怪我姑姑。作为一个胖子，从小就受到人们的关注，听了很多别人对我的评价。有的人说胖子憨厚老实，也有的人说胖子贪婪。从猪八戒的性格特点来看，我觉得憨厚老实和贪婪这对特点，在我身上同时存在。

我认真地给你们讲讲我是怎么变成一个胖子的吧。我姑姑是一个什么样的人你们也清楚了，就她那细致的程度，能把任何一个人逼疯了，我猜这也是她至今没有找到男朋友的原因。她太自我了，一定要别人按照她的想法来，你不听，她就对你发脾气。

每次她一对我发脾气，我顶撞失败，我的心中就压着一团火，不知向何处发泄，最后就全都转化成了吃饭的动力。我觉得只要一个人内心平静，吃饭的量刚好满足基本需求，就不会发胖。我不行，我的内心不平静，再加上我姑姑可能觉得我吃少了会饿死。所以我一方面，听从她的要求，每次多吃一点；另一方面，我又要反抗，而我反抗的方式就是吃死自己。所以我活生生地把自己吃成了个胖子。等我慢慢习惯了，我就变成了一个贪婪的人，一个想要的东西比需要的东西多很多的人。

你要说我性格温和，我不温和行吗？我还能直接跟我姑姑干架吗？所以拜姑姑所赐，我成了一个贪婪而又温和的人，当然我的贪婪都表现在行为的细节上，比如吃东西的时候一定要把最好吃的先吃了，并且对于甜食无法节制。但在与人交往中，每个人都觉得我这个人还挺憨厚老实的，其实主要是因为我胆小怕事。然而，也正是因为这种憨厚老实，或者说是软弱，让我日复一日无法接受自己。有一天，我突然爆发，就得了精神病。

（6）

我前些年在机缘巧合之下，考上了国家二级心理咨询师，还在中关村开了一家心理咨询室，取名为“心塞”，意为心之要塞。

我第二次见小胖正是在“心塞”。那天，小胖在火车上被乘警抓走之际，我塞了一张名片在小胖的口袋里，希望能帮助这个可怜人。下了火车之后的第三天，小胖自己找上门来。

小胖和我说，他最近两年饱受“精神分裂症”的折磨，已经在各大精神病院光顾了很多次。除了开药，医生还推荐他做心理咨询。但是他觉得心理咨询就是聊个天，一个小时 1000 元钱不太值得。他看我名片上写的价格合理，所以就想来尝试一下。

小胖和我说，精神科医生给他的诊断是他不仅有精神分裂症，还有躁郁症，问我该怎么办。我被问住了，不知道该怎么回答，于是我顺着他的话往下问：“那你发病的时候有什么表现？”

小胖说：“每次发病的时候我都会打扮成警察、特工或军人，然后冲我姑姑发火，但是好了以后我又不记得我做过什么。”

我说："我可以认为这个是精神分裂症，但是躁郁症是怎么回事？"

小胖说："平时的我情绪非常低落，但是发病的时候我就跟疯狗似的，所谓一段时间抑郁，一段时间躁狂，就是这样。"

我一听他说发火的对象是他姑姑，我就明白了。我继续问："你对你姑姑是不是有什么看法？"

小胖说："我最烦她老对我指指点点，就连我中午吃饭，她都要打个电话过来告诉我该怎么吃，您说我都二十五六岁的人了，这点事还用教吗？"

我说："那你没跟她提一下这件事吗？"

小胖说："我当然提过啊，但是每次一提，她就情绪特别激动地说：'我一个人含辛茹苦地把你抚养到这么大，现在你长大了，翅膀硬了，不需要我了。'我没有办法，就只好听她的，但是我心里真的很烦。"

听到这里，我一下子把前后信息对应上了，可能是因为小胖的姑姑太强势了，让小胖产生了一种不能自主的无力感。但是他每次尝试反抗都没有什么结果，所以所有的情绪和内心冲突都憋回了潜意识里面。最明显的证据就是小胖每次发狂都变成军人和特工等这种有力量的角色，这是因为小胖的内心渴望成长、独立和强大，他不想被人当成小孩子一样对待。

我把我的想法给小胖讲了一下，"心理学里有个观点，出现精神问题是一件好事，是你的意识发出的求救信号，所以不用担心。只要找对了方法，来治好它就行了，这个问题不是永久的。你目前的问题在于，你从小到大都没有自己做过决定，当你的自我意识逐渐发展起来之后，你渴望独立自主，渴望自己做决定，但是你受到了姑姑的打压。有一位心理学大师说过一句话，叫‘父母皆祸害’，虽然我完全不认同这句话，但是我想其实这句话给每一个病人找到了出路，只要把问题都归罪到父母身上，就会减少对自身的质疑，这样一来身上的包袱就减轻了”。

小胖说：“我是想怪她，但是她永远不会承认自己的错误，而且对待我的方式也永远不会改变。”

接着，我对小胖的姑姑进行了一轮心理分析，挖出了小胖姑姑和小胖爷爷的故事。我说：“你说得没错，你确实没办法要求她改变，而且我也相信，她可能永远都不会改变。”

小胖说：“那咋办啊？”

我说：“如果不能解决问题，那就干脆逃避问题！”

“什么？”小胖露出了“问号脸”的表情。

我继续说：“我建议你先在另一个城市去找一份工作，搬得离你姑姑远一些，这样她就干涉不到你了。但她肯定会给你打电话，关心你，继续干涉你。这时候，我建议你变成一个‘两面派’，一方面，你在电话中答应她说的；另一方面，你挂断电话就全都反着来一遍。”

小胖说：“那我不就成了一个很虚伪的人了吗？”

我说：“你现在最重要的是在认知上进行统一。”

小胖问：“怎么统一？”

我说：“你要深刻认识到，你这么做是为了拯救自己和保护姑姑。你千万不要因为这种分裂的做法，而给自己贴上伪君子的标签。一旦你给自己贴上标签，你自己觉得这是真的，那才是真的完了。很多江湖“心理咨询师”最会给别人下诊断了，他会说你是焦虑症、抑郁症，本来没事也把你吓出事了。人类最大的问题就是爱给别人贴标签，我觉得不管有什么问题，先别着急下判断，你得好好理解自己和别人，再去解决问题。”

小胖说：“您这么一说我就明白了。”

“对嘛，咱们先反着来试试。所谓自我的成长和发展就是个体在没有干涉的情况下，去自主地与现实互动，获得现实的直接反馈，你的自我意识才能独立起来。现在的问题在于，你姑姑给你的反馈替代了现实和环境给你的反馈，所以你与现实脱节了。那么你就反着来，先了解什么是错的，再去确立什么是对的。”

小胖说：“好的，我明白了。”

我说：“另外，我再给你一个建议，如果你不愿意花钱看心理咨询师，你可以把自己变成心理咨询师。其实很多伟大的心理学家小时候都有心理问题，比如阿德勒和森田正马，都饱受心理问题困扰，最后这些困扰转化为他们成为伟大心理学家的动力。我看你本科毕业没几年，不如去考个心理学研究生吧。”

“啊，有道理，不如我就借着读书，离开我姑姑吧。”

半年以后，我收到了小胖给我发的微信消息。他说：“谢谢您，我听了您的话，现在搬到了北京来住，已经报了一个培训机构准备考心理学的研究生。自从上次跟您聊完，按照您说的去做之后，我的病便很少发作了。我现在学了一些心理学知识，发现您给我做咨询的过程中有很多违背伦理的地方，但我还是很感谢您的帮助和建议，希望您且行且珍惜。”

2

白机长是我的小学同学，和我一样，今年35岁。

春节，白机长回老家。同学聚会上，我拿出一支电子烟抽了起来，白机长瞄了我一眼说：“给我点个新烟蛋，让我抽一会儿。我也买了个电子烟，没敢带回来，憋得我难受。”

我说：“怎么了，怎么没敢带回来？”

白机长说：“我怕我爸骂我。”

我扑哧一声笑了出来，说：“咱这都35岁了，你怕他干啥？”

白机长说：“唉，回家过年嘛，让老头少操点心。”

我给他点上了一支电子烟，看着他心情愉悦地抽着，眼神从刚才的飘忽不定变得逐渐坚定起来，后背也完全靠在了椅背上。他知道我在看他，斜了我一眼，我没敢说话，把注意力转向了和老同学的聊天上。

饭局上谈话的热点全在白机长身上。同学们的经历大都一样，大学毕业后就回了老家，进入各种基层单位，大家为人父母，每日为工作所累，没有谁混得像白机长一样好。长相俊美，看起来比同龄人年轻10岁，年薪百万元，每日天空翱翔，空姐做伴，不羡鸳鸯不羡仙。但如果你以为饭桌上的话题都是围绕“白机长是如何达成今日的成就”的，你就错了。从聚会一开始，大家就在回忆白机长小学时做过的蠢事：被哪个女生欺负过，被哪个老师批评过，上体育课尿过裤子，还被数学老师骂哭过。大家一边回忆，一边捧腹大笑，白机长也跟着一起笑，一边笑一边骂着让大家住口，场面看起来其乐融融。

白机长并不在乎老同学一如既往地开他玩笑，他笑得很开心。但我总能从他的笑容中看到一丝矛盾和苦涩，这种苦涩和当下的同学聚会无关，而是来自他从小的性格和现在的生活。

白机长从小就喜欢和班上“有话语权”的同学交朋友，他一直喜欢关注“权威”。但是白机长绝对不是一个爱拍马屁的人，因为我才是。我喜欢和厉害的人交朋友，跟他们在一起，能让我看起来很酷，我从不反抗各位哥哥，是个听话的小弟。白机长不一样，他一边真诚地和“哥哥们”交朋友，一边热衷于挑战对方的权威。同学们从小就能感受到白机长的真诚，但因为总是被他挑战，所以克制不住地想给白机长泼冷水，这一泼就泼了 20 多年。这 20 多年里，我看着有的人从班长变成了局长，从中队长变成了副市长，可就算人到中年，大家依旧无法停止作弄白机长。白机长小的时候还因为大家对他的态度感到过纠结，但随着年纪的增长和意识到自己与大家差距的拉大，现在的他只觉得老同学开他玩笑的样子好可爱。但是这种从小的纠结并没有完全消失，只是从小学同学的身上转移到了现在的同事关系上。

白机长一直想跟自己的师兄们成为朋友，但是他“挑战权威式”的独特交友方式在进入工作之后好像特别不适用。因为 30 岁以后的男人没有谁喜欢被挑战，所以白机长时常感到自己不被关注和重视，总认为自己交不到朋友。

我问过他：“你有机长光环的加持，在公司外可以和任何人成为朋友，就算在公司里，也还有那么多人仰慕你，你为什么非要和你的师兄们交朋友呢？你应该和喜欢你、支持你的人交朋友才能快乐。”

白机长说：“不行，我不服，凭什么他们要否定我，我要他们认可我。”

其实我也替他心累，不过既然他拿我当真朋友，我就也与他交了心。我问他：“你说，就拿咱们小学同学的圈子，咱俩地位其实差不多，但是哥们儿就比你活得轻松一点，你说对吧？”

白机长说：“你想说啥？”

我说：“我的快乐来自对环境的掌控，向下比较才会快乐。但如果我在工作上不太顺利，我的掌控感就会施加到我儿子身上。等你也有了孩子，你在工作上的不顺利也会下意识地施加在你家孩子身上的。到时候你家孩子也会像你现在一样，既想亲近权威，又想挑战权威。他长大以后也会和你一样不快乐，你必须认识到这个问题，放下你对权威的执着，才能跳出命运的循环。有了掌控感，才有能力去爱，你的孩子才能快乐地成长。”

白机长恍然大悟地说：“是啊，我爸就是这样的人，他在工作中永远望着比他高的人。在我家，他和我爷爷的关系也是这样的，他们总是吵架，因为我爷爷总是批评和管教我爸，我爸总是试图反抗，但是又畏于我爷爷的权威，结果这些火都发到了我身上。我要是再这样执着下去，不仅我会一直心累，也会影响到我孩子的性格，一代又一代，没完没了。”

我说：“听兄弟一句劝，把注意力放在那些认同你和喜欢你的人身上，先建立起自信，再去挑战权威。”

白机长说：“好，我试试。”

半年之后，白机长发来视频说：“谢谢你，我现在快乐多了。”

3

像李胜天一样，胜男是她后来给自己取的名字，外公给她起的本名是小娇，希望她娇小听话，能嫁个好人家。胜男的老家重男轻女，所以对胜男的家人来说，她的出生有些出人意料，因为外公千辛万苦求来了生男孩的偏方，但是在全家的期盼中，出生的却是胜男。她一睁眼就看到了全家人的希望落空，那种失望好像在说：“你根本不应该出现在这个世界上。”

胜男 3 岁的时候，她的弟弟出生了。随着姐弟俩慢慢长大，家里人的态度也越发明显起来：弟弟什么都好，胜男什么都不好。不论弟弟做错了什么都会轻易被原谅，因为冲动鲁莽是男孩子的天性。但胜男一点小错都不能犯，这让胜男打小就觉得做男孩比做女孩有优越性，她希望自己是个男孩，但是她又厌恶男性，于是她便产生了一个信念：“我要先变得像男孩一样刚硬，再去打败男性，狠狠地挫败他们的自尊心。”

于是，她给自己改名为胜男，并不断学习男性的行为和特征。她认为男性主要有两个特征，一个是头发短，另一个是攻击性强。所以她剪了短发，并学会了说脏话，在心情不舒畅的时候，她就要骂上两句。每当和男性交流，她的心情总是不太舒畅，所以她至今还没找到男朋友。此外，她和女性的关系也不太好，因为家里男性至上的价值观让她觉得女性是弱小的存在，而她渴望强大，她不屑于和弱小的人一起玩耍。在这种价值观念的影响下，她攻击男性的方式就是把男性比作女性，她经常说的话就是：“你好娘。”所以无论男女，谁都不喜欢胜男的锋芒和戾气，大家都对她敬而远之。胜男总是孤身一人，总是不被喜欢，她不知道哪里出了问题。她纠结又痛苦，郁郁寡欢，整日低着头走路。

她刚来“心塞”的时候，是一个姑娘给她做的心理咨询，显然胜男并不满意，然后就换成了我。我通过上一个咨询师了解到胜男的情况，我就知道她的问题很难解决。因为胜男和李胜天一样，都是生在“深渊”里的人，他们踩着别人往上爬，从来不往下看。女性咨询师对胜男来说就是下面的人，她是不愿意听一个女性对她说什么的，所以要想治愈她，咨询师必须是男的。但是，作为男性咨询师也会很麻烦，她会攻击权威男性。在被攻击的过程中咨询师不能反击，只能承受。然而，在承受攻击的过程中，咨询师还要小心谨慎，千万不能让她觉得你比她“低”，一旦给她造成了这种认知，你便无法影响她。你必须把她当个孩子，无视她的攻击，无论如何，都要表现得温和平静，然后去安抚她内心的小怪兽，直到小怪兽停止了挣扎，你便把它封印在胜男的心底，让胜男获得对小怪兽的掌控力，从而使这种愤怒变成一种积极的力量，重塑胜男的“三观”和生活。对，就像《火影忍者》里漩涡鸣人和九尾妖狐的关系一样，其实每个人内心都有一个小怪兽，但我们终将会掌控它，而不是被它掌控。掌控它的第一步，不是压抑和无视它，而是学会和它对话。

我准备用催眠疗法对她进行心理干预。开始催眠后，一个 5 岁的小女孩出现了，我拉着 5 岁的胜男，进入了她的潜意识，看见了隐藏在黑暗中的小怪兽。

“小怪兽，小怪兽，你想要什么？”我问道。

“我不是怪兽！”随之而来的是一声怒吼，“不要这样定义我，愚蠢的人类。”

胜男颤抖了一下，抓紧了我的手。我说：“对不起，冒犯了，那请问我该如何称呼您呢？”

小怪兽指了指胜男，低沉地说：“喏，我就是她，一个受了伤的她，每次被男性伤害又无法反击，她压抑的情绪就汇聚起来，慢慢成了我。我是仇恨和愤怒的化身，我渴望释放，却被她关在了笼子里，我每天都在撞击这个笼子，我一撞击，她就发狂，她一发狂，我的能量就得到释放。”

胜男问：“请问我怎样做才能让你停止撞击笼子呢？你老老实实待着不好吗？”

小怪兽说：“那不可能，你试试一直吃饭，但是不让拉屎的感觉，你看你难受不？除非你找到打开牢笼的钥匙放我出来，不然我也不知道自己会做出什么事情来。”

胜男问:“请问我怎么才能找到打开牢笼的钥匙呢?”

小怪兽说:“我要是知道,还要你干啥?你问你旁边的那个人,是他带你来到我这里的,他肯定知道怎么把我放出来。”

胜男看了看我,眨了眨眼。

我对她说:“钥匙不存在于任何地方,只存在于你的心里,需要你自己用心做出来。”

胜男问:“怎么做出来?”

我说:“你得先了解这个牢笼是什么,是什么阻挡了小怪兽的突破?”

“是什么?”胜男追问。

我说:“是什么阻止了你在现实中随便发泄怨气?”

她说:“是我人性中散发的光辉。”

我问:“让我换个提问方式。你有没有向家里人表达过你的想法和情绪?”

她说:“好像有。”

我问:“什么叫好像有?”

胜男说:“从小我家里人就更爱我弟弟,什么好东西都给他,我为此愤怒过、哭泣过,但是换来的是爸妈和外公的无视。后来我便开始欺负弟弟,我羞辱他、打他,有好吃的不分给他。”

“然后呢?”

“然后我爸妈还有外公就开始讨厌我,更加维护我弟弟,但凡我做错了什么,他们便朝我发火。我现在还能回忆起年幼的我抬起头看着高大的他们,张牙舞爪朝我大吼的样子。”

“是这个了。”我说。

胜男问：“是什么？”

我回答：“你的牢笼就是你压抑的愤怒和你对他们的恐惧，但是从根本上来说，是这种恐惧压抑了你的愤怒。而你的牢笼，就是你的恐惧。”

胜男反驳道：“可是，我现在长大了，我早就不恐惧他们了，我是我们村里唯一的研究生，我弟弟连大学都没上，我现在工作也挺好的。按理说，我应该能打破这个牢笼和对他们的恐惧了吧？”

“有句话叫三岁定八十，你听过吗？他们对你童年的影响形成了你基础的人生信念，虽然你战胜了你弟弟和你外公，但是在你的生活里总会有新的男性出现，你依旧渴望打倒男性，你依旧看不起自己的女性身份。”

“你说得对，我今年 32 岁了，但是还没谈过男朋友，我发现我谈恋爱有个问题。”

“什么问题？”

“我不能接受自己做别人的女朋友，我认为一旦我成了恋爱中的女人，就意味着我要被别人掌控并处于弱势地位。我不能接受自己处于弱势地位，所以我没办法接受我有一个‘男朋友’。而且我发现我其实对温柔又优秀的女性比较有好感，我知道从生理上来说，我不是一个同性恋，但是从心理的角度，如果非要谈恋爱，我更愿意和温柔又优秀的女性谈恋爱。”

我说：“对吧，童年经历确实对你的人生信念造成了影响，而且你在面对男性的时候，一方面会压着比你地位低的男性，另一方面又会攻击权威男性。谁也无法接受你的态度，对方也会反击你，所以关系就总是恶化了。”

胜男问：“我对他们太好，万一被他们欺负了怎么办？”

我说：“如果你对那些权威男性好，他们一定觉得理所当然，所以根本不会搭理你。但是如果你提携那些比你地位低的男性，他们必将对你感恩戴德。久而久之，他们对你的态度就会治愈你，消除你对男性的敌意，你的世界里也会充满善意。人们因为不能互相理解而产生恐惧和敌意，当你了解了地位低的男性之后，你就知道了男人大概是什么样的，你也会逐渐了解比你地位高的男性，找到一种与之和谐相处的方法。而在这个自愈的过程中，你要做的就是不要把你对弟弟的敌意转移到比你地位低的男性身上，你要克服自己的敌意和偏见才能真正做到关心别人。

“你的家庭确实在你的童年给你造成了伤害，但是那些已经发生了，而且那就是当时和当地的社会文化。如果你的父母和外公知道这会对你产生不好的影响，他们可能也不会这样对你的，但是谁又能活得那么明白呢？虽然家会伤害人，但是把所有问题都归到父母和家人身上，同样是逃避问题和不敢面对真实自我的表现。

“你，是你的过去和现在的集合，但你更是你的未来。你无法选择出生在哪里，有怎样的家庭，但是你可以选择你以后要成为一个怎样的人。而要想成为那个人，你要做的便是与过去的自己和解，不让过去定义自己。通过爱来感化世界，你就能看到世界的另一个样子。最后去寻找你最想做的事情，爱你想爱的人，你便会成为最好的自己。”

4

其实他们都过得不快乐。小胖在姑姑的过度干涉下走向精神崩溃，白机长在批评教育下陷入死循环，胜男在干涉和否定下出现了自我认同的困难。好像毁掉一个人，只要干涉和否定他就够了。

我还是那个单细胞生物，之前我给你讲了一个简单又明了的故事，人们喜欢和相似的人在一起，因为这是一种认同和支持。从基因角度而言，它是对你适应环境的能力的一种确认，这种机制随着人类社会的发展，变得更加复杂，但是基本原则没有变。获得他人的理解和支持是我们生存所必需的要素，如果缺乏了这两样东西，我们就会陷入永无止境的自我质疑，质疑自己是否能适应环境，是否有存在的价值。在批评教育下长大的人的眼神中总是充满了不确定和犹豫，他们反复地问别人，这样做对不对，并且对于行为所造成的后果永远保持恐惧。

“批评教育”往往还有一个更具有毁灭性的附带行为——干涉。在你每次尝试做一件事之前就告诉你“应该”怎么做，在你做完之后关注且放大你的错误进行批评。如果说“否定和批评”扰乱了一个人的心，“干涉”就相当于打断了一个人的腿。它让你不敢尝试，缺少独立思维和判断能力，缺乏独立行动的果决和勇气，所以“不被干涉”对一个人的成长非常重要。为此，我要再给你讲一个我们单细胞生物的故事：

“为了生存，我们首先要和相似的个体在一起，这样能给我们活下去的勇气。其次，我们还要关注眼前的现实。作为单细胞生物，就算有同伴的支持，我们也是非常弱小的。为了生存和延续，我们必须了解和适应环境，而适应环境的第一步就是与环境发生碰撞。当然，对单细胞生物来讲，我可能一下就碰死了，但是当大批量的单细胞生物在与环境交互的过程中不断进化后，不同的结构和功能就形成了。我们从最初的鞭毛进化出后来的手和脚，再到最后进化出了大脑。虽然后来进化成的人类已经先天带了一些适应环境的器官和身体结构，但是环境还是非常复杂和充满变化的，我们依旧需要和环境发生接触和碰撞，只有具有适应环境和生存的能力，我们才能得以发展，这种能力被现代人类称为‘智力’。

“智力的成长来自大脑和现实环境‘直接交互’后所获得的反馈，这些反馈以经验的形式存在于人们的记忆中，变成思维和判断的依据。而干涉打断了个体和现实的交互过程，别人给你的评价替代了你从活动中得到的独立判断。每个人的经验都有其独特性，他人的方法和标准也许在你身上不管用，只是对方觉得有用，所以你在干涉下屡屡失败，还被干涉者屡屡批评。慢慢地，你在自我质疑和犹豫中走向了精神崩溃。”

所以，获得自我掌控（不被干涉）和他人认可（获得表扬）对一个人的健康成长至关重要。每个人都在追求这两样东西：小胖在病情暴发时穿上的军装和所表演的特工，都是对现实具有超强掌控力的代表。在过度干涉的教育下，虽然小胖精神崩溃，但是他依旧没有放弃对于自我掌控的追求。白机长和胜男也有过这样的纠结和矛盾，他们一方面喜欢挑战权威或男性，另一方面又希望得到权威或男性的认可。殊不知，如果“获得掌控感的对象”同时也是“渴望被认可的对象”，便会陷入一种无休止的矛盾。因为想要在对方身上获得掌控感，你必须超越对方，而对方当然也想超越你，这时对方很有可能会反击你、否定你，而你一旦被批评和否定，就会产生失控感，于是你更想超越对方，从此无限循环下去。

但是“自我掌控”和“他人认可”其实并不真的存在矛盾，说起来也不复杂。比如，你想掌控的对象不是人，而是事物，就像你喜欢唱歌，你不断地追求完美，唱一曲好歌你就获得了一种对唱歌的掌控感，与此同时也会获得别人的认可。

无论如何，对小胖、白机长和胜男来说，获得快乐的根本也许就在于获得自我掌控和他人认可。所以小胖只要反其道而行之，在照顾姑姑感受的基础上全面叛逆，并在独自生活中获得自我掌控，就会快乐。而白机长和胜男，可能需要先与自己和解，放下对权威认可的执着，和喜欢自己的人在一起，便能获得他人的支持和理解，然后再将注意力放在自己喜欢的事情上，而不是人身上，就能获得对现实的自我掌控感。

5

想找到粉玫瑰，你需要先找到自我。没有自我的人不知道谁是自己的白玫瑰，也会在红玫瑰的吸引下不断降低自己的底线。建立了“自我”，你便知道了自己是谁，自己想要什么，不想要什么。更关键的是，你知道了自己的底线在哪里，不会在人际交往中被别人带偏。

在脑科学中，“自我”和前额叶有关，而“外界环境和他人”以外部感官信息的形式通过丘脑（thalamus）逐级传入大脑中。“自我”建立的过程也是人对环境逐渐获得掌控，构建秩序和标准的过程，这样的“秩序和标准”对“外界信息”具有一个筛选作用，符合标准的接受，不符合标准的拒绝。因此，人们在坚持自我的情况下会选择和喜欢的人在一起，与讨厌的人分离。

一个人一旦没有建立起稳固的自我，那么判断外界信息的标准也就不稳定，所以总会在关系中不断让步，但是让步多了又很难受，于是开始反击和伤害，关系在互相撕扯中走向终结。

心理学家埃里克森说过，找到爱情的前提是建立“自我同一性”，也就是找到自我，而“自我”是你在特定环境下掌控环境的独特方式。

掌控了环境的你，就是最好的你。

第三篇

他们如何成为他们

1

1955 年，他出生了，也是在那一年，他的亲生父母将他交给了养父母，并消失在了他的生命中。在他后来的生活中，始终伴随着因为被亲生父母抛弃所带来的副产品，他固执、倔强，与这世界的规则做斗争，并创建属于自己的新规则。

虽然被抛弃，但是他的生活并不算贫穷和困苦，养父母在接受他的时候完全出于自愿，而且也答应了他的亲生父母无论如何都要让他上大学。

养父是个二手汽车商人，就像大多数成长在商人家庭的孩子一样，他从小的生活和选择并没有受到太多限制。而且养父也了解他固执和倔强的由来，并对此予以无底线的包容和让步，甚至在老师批评他不好好学习的时候跟老师说："他是个特别的孩子，如果你觉得他有问题，一定是你的教育方法出了问题。"

在养父的无限包容下，以及他从小尝试处理和理解自己因被遗弃产生的恐惧感的过程中，他发展出了后来众人皆知的能力：现实扭曲力场——他总能让人们信服他的"满口胡言"，并用这个能力重塑人们心中的现实，给人类科技生活带来一个又一个高潮。其实很难描述和分析"被遗弃"这件事究竟在他年幼的心灵上造成了怎样的影响，但是从后来的结果看，他因此形成了一种强大的自信，这种自信也许来自他内心深处对被遗弃的恐惧。因为恐惧，他给自己构建了一个强大又坚固的内心世界，在这个世界里他是安全又自信的，但这个世界之外的人和事，他会全盘否定。这一特点也表现在了他后来的工作中，当人们进入他的内心世界时，他用自己的魅力、激情和创新激励着人们，当人们做的事情不符合他的标准时，他会强烈打击和否定他人的自信。

这样的性格和养父的包容相遇，让他度过了一个无忧无虑的童年，他热情地追求着自己喜欢的事情。因为养父工作的关系，他从小就开始接触很多机械和电子设备，12 岁的时候为了做一个频率计数器，他直接给惠普创始人打电话要零件。高中毕业之后，他也没有选择主流大学，而是去了一所充满了嬉皮士和自由精神的大学——里德学院。而在那里，他又因为厌倦大学的主修课程而选择了休学，转去学习书法美术。没学多久，他便顺应当时“反主流文化”的时代大潮，在 21 岁的时候和好朋友一起创建了在接下来近 50 年里不断影响和改变世界的科技公司——苹果。

苹果的存在有如他的性格，追求极致的美和用户体验，并且不与其他品牌的硬件相互兼容。在他的心中，苹果是一个自我封闭的完美系统，因为已经足够完美了，所以不需要借鉴，不需要聆听。就像他自己一样，他总能在自己的世界里不断创造奇迹，用自己的语言和魅力感染他人。人们不断地陷入他的世界里，感受着他内心世界中乔布斯式的极致美。

2

上初中以后他就听不懂数理化了。朋友说他笨，家里人觉得他不努力，他也不知道为什么，无论老师在讲什么，他都无法从老师连贯的语言中拼凑出知识和意义。相反，他把生物和历史这些与人有关的学科学得很好。在学习这些学科的时候，他兴趣盎然，不需要努力背诵也能记住很多东西。而在上数理化课的时候，虽然他的眼睛盯着黑板，脑子里却浮想联翩，思考课间操的时候和同学发生过的矛盾和解决矛盾的方法。

那时候的教育体系实行文理分科制，学生一般是在上高二时选文理，但他所在的学校为了提高升学率，决定学生在高一的时候就分文理。而且那时候流行一句话："学好数理化，走遍天下都不怕。"在这样的背景下，当地人认为只有学习好、能力强的人才可以选理科，而那些中考成绩差，想给自己降低一些难度的人，高中就选文科吧。他觉得自己中考的总成绩还可以，就忽视了分数相对较低的数理化，选择了理科。接下来的日子里，他的自信逐渐被击溃，认知也相继崩塌，考试成绩总是排在班级的末尾，更糟糕的是，这让他觉得自己是一个不够聪明又没有能力的人。

然而，这和他从小的自我认知不一样。他从小在关爱和关注的环境下长大，思维敏捷，表达能力强，幼儿园的时候画画好，小学的时候作文好，一直是老师和同学们关注的对象，活在人们的关注之中对他来说仿佛是一件理所当然的事情。后来，选择学理科夺走了这一切，他再也不是万众瞩目的焦点了。于是，他开始用各种可笑的方式获取大家的关注，捣乱课堂秩序，胡说八道。久而久之，他在老师和同学的眼里活成了一个笑话。大家开始议论他，嘲笑他，他开始更加关注自我，也更加在意别人对他的看法。

智力的发展是主体与客观现实交互的过程，过度自我关注的人是很难变聪明的。在过度自我关注和在意他人看法的过程中，他无心学习。无论别人说什么，他都要反思和咀嚼，与人交往的所有回忆都会在他独处的时候无比鲜活地涌入脑海里。就这样，他没能考上一个特别好的大学，他不明白自己想学什么专业。那一年，机械工程专业特别火，他随大流报了这个专业。于是，他又开始了新一轮的循环，什么也听不懂，荒废人生，不知道未来该去哪里。

好在大学的时光是如此清闲，除了在床上躺着，下床打游戏，他还有时间做一些别的事情。他做了很多事情，从主持一台晚会开始到做摄影师、市场营销、实习记者，他以为这些事情都是随机的，但是很快他发现了这些事情中的共同点：他喜欢和人在一起，他喜欢被人关注，那是他最快乐的时光。这也许是那些年的痛苦所积压的渴望，他开始明确自己的喜好。

在大学快毕业的时候，考研的热潮刚刚兴起，他决定换一个专业——心理学。像大家一样，他买来了教材和习题册，把自己关进图书馆，准备为这为期一年的长征做准备。那天，教材寄到了，他抱着教材一个人来到图书馆，翻开《普通心理学》的一瞬间，他就被点燃了。虽然是第一次见面，但是上面的每一个知识点都能在他的头脑中激发出大量与人交往的回忆，为他所有的经历找到依据。

慢慢地，他意识到一直以来“过度在意他人看法”的痛苦，在学习心理学的时候竟然成了一种独特的天赋和能力。因为与人交往时的每个细节和瞬间都会被他轻松地记下来，包括事件发生的时间，对方说过的语言，穿的衣服，说话时脸上的表情以及当时的场景。这些丰富的细节不仅帮助他在学习心理学的时候，让每个知识点都能和经验迅速结合，而且经验之间的联系也非常紧密，他陷入了痴迷。从那之后，他生活中的每件事都有了意义，就连他活在痛苦之中都可以研究情绪，发呆和走神都可以研究创造力。他原来拒绝接收外界信息的大脑突然之间向四面八方打开，他以常人无法企及的效率轻松获取着日常生活中与人有关的每一点信息，并以别人想不到的方式把它们联系在一起，他在自己的领域内不断发现，不断创新。虽然他依旧不爱物理、数学、计算机，但是在心理学研究的过程中，他学会了与数理化和谐相处的方法，它们成了他研究心理现象有力的工具。虽然对他来说，这一切还是无比困难，但他愿意为心中的理想付出努力，他的热情从未如此饱满，目标从未如此清晰，总有一天，他要成为一名优秀的心理学家。

3

当外祖父 72 岁因意外去世的时候，小马还是个蹒跚学步的孩子。小马从小听着外祖父的传奇故事，看着他留下的影像资料，思考着自己未来的人生和这个世界。

外祖父是一个“斜杠青年”和冒险家，也是小马人生中的第一个偶像。外祖父刚满 7 岁的时候他父亲就去世了，于是他开始做帮工来维持家里的生计。他学会了开垦荒地，驯养野马，拳击和摔跤。后来，他去按摩学校获得了一个学位，一举成为世界顶尖的脊柱病治疗专家。之后，他买了一台私人飞机游历世界，并且出席各种政治活动和学术会议。热衷冒险的他曾驾驶飞机从非洲飞到苏格兰和澳大利亚，而他去世也是因为他驾驶飞机冲入了两根电线杆之间，飞机被电线缠住，机身翻了个跟头，不幸坠毁。

每当外祖母说起外祖父的死，小马都会情绪激动地说道：“他的飞机上没有任何仪器，连无线电和航空地图都没有。他要是愿意使用仪器并好好规划航线，也不会出现这种结局。”每每想到外祖父的死，小马就会陷入深思。

据小马的母亲说，小马从小就和别的孩子不一样，经常目光呆滞地看向远方，也经常听不见别人和他说话。一开始，她以为小马有听力障碍，还带小马去做了检查，后来她才意识到，是小马的思维方式与众不同。小马的妈妈也就是外祖父的女儿，在教养孩子的方式上传承了他们家族历来的惯例：将决定权交给孩子。他们相信孩子可以根据自己的感受做出适合自己的选择。小马的父亲是一个电子和机械工程师，小马从 6 岁起就跟着父亲周游全球，奔波于各种工程项目之间。因此，在老家还没有人知道计算机是什么的时候，小马就开始对计算机产生了渴望。10 岁的时候，他获得了人生中第一台计算机，于是他自学编程，12 岁的时候就卖出了自己亲手制作的电子游戏，收获了人生第一桶金。而在学校和生活中，小马除了读书，就是陷入深思，他很少和同学们一起玩。据同学说，课间休息时小马唯一的爱好就是在操场上发射火箭模型。而他后来的人生就如人们所熟知的那样，离开了南非老家来到了美国，先促进了电子支付公司 Paypal 的发展，后来又成为特斯拉电动汽车和太空探索技术公司的主人。

有句话说："长大后，我就成了你。"继承了外祖父冒险基因的小马，几十年来一直在人类科技和创新的前沿领域进行冒险。他实现了火箭回收无限利用，把特斯拉发射到了太空。2020 年 1 月 19 日，他亲手在大西洋上空炸毁了价值 3.4 亿元的火箭，并实现人类历史上首次火箭炸毁后载人舱的成功逃逸。这颗人类历史上最贵的"二踢脚"的爆炸，不仅意味着从此以后宇航员的生命多了一层保障，也解开了小马从小因外祖父因空难离世而产生的心结。

也许从现在到未来的很多年里，你都能看到小马带领团队一路开拓，为人类文明创下一个又一个奇迹。

4

"你这样不对。"

"你这样不该。"

“你下次应该。”

“我跟你讲，你不可以。”

这些她从小听得最多的话，都来自她的妈妈。妈妈学法律出身，对每件事情都有清晰的标准和定义，而这样的标准也时时刻刻影响着她。妈妈是一名公务员，什么事情是得体的，什么事情是不得体的，都会告诉她，比如妈妈会说：“你如果这么做，以后工作了就得不到领导的赏识。”每当她尝试着想表达什么的时候，都面临来自母亲耳提面命式的教育和指导，这也促成了她的性格：非常希望获得别人的认可。

因为这样的性格，她遇到过很多“渣男”。只要别人赞美她，她就感觉到无比幸福，愿意为爱情付出一切。而结果是可想而知的，很少有人喜欢轻易得来却又波涛汹涌的爱，更何况还需要不停地赞美，这对每个人来说都太消耗能量了。所以男人们通过赞美她轻易地获得了她的青睐，但慢慢地又受不了她的热烈，开始远离。此时，她从母亲那里传承下来的能力开始发挥作用，她将这些男人定义为渣男和坏蛋。久而久之，在她的自我认知里，她把自己定义为一个可怜的受害者。

受害者的身份让她开始对这个世界的态度变得消极和悲观，而这种态度让她很痛苦，痛苦使她渴望表达。她每天会发无数条朋友圈状态，抱怨这个世界的不公平，批判世界上的“恶”。在人们眼里，她活成了一个怨妇，时间长了，人们渐渐远离她、屏蔽她、删除她。她一直以为自己是站在正义的制高点上对“坏人”进行审判，直到有一天朋友圈里有人留言：你怎么像个怨妇似的，能不能有一些正能量。突然间，她感觉自己的玻璃心碎了一地：竟然说我是个怨妇？

一直以来，她都渴望被认可，她无法接受大家的否定，这样的否定让她感觉十分痛苦。她很快忘记了自己受害者的身份，开始思考发表什么样的东西才能被人认可。或许你觉得既然表达就会带来争议，什么都不发不就好了。但这不是她，她渴望表达。慢慢地，她从一个怨妇变成了一个拥有正能量的人。她每天都发表和转发一些思想积极的内容，结果是显然的，没人真的喜欢看心灵鸡汤，于是她又被骂了。那一刻，她的内心崩塌了，消极的内容不行，积极的内容也不行，这究竟是个怎样的世界，发表什么样的内容才能被所有人认可？

内心崩塌的她终于在某一天决定闭嘴，从那之后，朋友圈里再也没出现过她的身影。但她是一个表达者，她的宿命，她的激情，全在于表达。好像每个从小经历过批评式教育的孩子都渴望表达，他们似乎都想通过表达给自己的行为找一个解释和说法，证明那些施加在自己身上的指责是不对的。可是网络时代刚好和这一代人的青春期一同到来，网上聚集了很多不一样的人，他们有着不一样的背景，不一样的“三观”。人们张大嘴巴开始在网上表达想法的时候，必然会流露出自己的“三观”，而“三观”不同的人又太多。因此，只要表达就意味着会被否定，这也会让表达者更加痛苦。她在从朋友圈消失的那段时间里，想明白了：“只要表达就一定会有争议。”

但是不表达又不是她的个性，她的经历所塑造的性格让她成了一个渴望表达的人，如果没有表达，她就仿佛没有活过。然而，表达就意味着被否定，她也不想被否定，她似乎需要找到一种更好的表达方式。于是，在闭嘴的日子里，她看了很多书，她想知道别人是怎么表达的，为什么有的人一张嘴说了一本书的内容，最后还会青史留名。在一段时间的沉寂之后，她意识到：我不能只替我自己表达，我要关心别人，替别人表达。

于是，她开始写小说。一部好的小说可以是一个小世界，在这个世界里，每个人都有每个人的样子，每个人都能在小说里真实地表达自我。她也可以在小说里表达她自己，与此同时，反对她的人也可以在小说里反对她。只要每个人都有表达的机会，只要能反映真实的世界，无论你怎么表达，表达多少，也没有人会否定你，因为你说出了每个人的心声。

从那以后，她变得不那么自我，她开始关心身边的每一个人，人们也因为她的关心而开始喜欢她，认可她。她不断地接近每一个人，了解他们的快乐与痛苦，在她的书里重构这个世界，替每一个她关心的和关心她的人表达着，并在这个过程中找到了她毕生的事业。

5

刚出生时的我们没有什么不一样，面对花花世界，大脑却一片空白。但是我们知道自己的需求与焦虑，在妈妈出现的时候会欢喜，在饥饿的时候会哭泣。每个人也有相似的大脑，里面存着人类族群古老的记忆。我们对高空和毒蛇有着与生俱来的恐惧，天生就知道鲜艳的色彩里隐藏着杀机，那时的我们，并没有什么不同。

后来的我们，在不同的环境下长大，变成了全然不同的个体。不同的环境会激发出不同的我们：有的人成了飞行员，克服了对高空的恐惧；有的人成了动物学家，克服了对毒蛇的恐惧。成长的过程便是不断克服本能，消除对这个世界不确定感的过程。而这个世界又是如此宏大，环境也是如此复杂。每个人都有自己要面对的环境，你父母的教育背景，你与老师和同学的关系，出生地的饮食习惯与风俗文化，你去过的地方，谈过的恋爱，你从事的职业，这么多因素混合起来形成了一个独特又复杂的你。

在阅读前面的故事时，你或许也思考过，他们是如何成为他们的？

没人愿意被遗弃，这或许曾是乔布斯面对的最残酷的现实和痛苦。人们在面对巨大痛苦时的本能就是拒绝接受现实。于是，乔布斯在拒绝接受现实的过程中，一遍又一遍地说服自己，说服自己是被人爱着的，说服现实是自己想象中的样子。与此同时，他也改造着现实，说服着别人，让别人相信现实是他想象中的样子。他改造现实的方式是开发电子产品，这可能和他养父的工作有关。养父是个电子工程师，机械和电子设备构筑了乔布斯从小到大所处的环境，他在这样的环境下不断学习，不断探索，最终创造了苹果。

苹果的设计如他本人一样追求完美，苹果的系统如他的内心一样封闭。他在被遗弃的恐惧中一边否认现实，一边将现实重塑为自己心中的模样。

想成为心理学家的孩子并不是一出生就有明确的使命感。曾经的他快乐又简单，直到环境的影响让他开始无比渴望他人的关注，可是越努力却越得不到，“获得关注”成了他最大的渴望。此后，他便再也看不到这个世界中除“人”以外的事物，他在乎别人的眼光，在乎别人如何看待自己。于是他敏锐地捕捉着自己和他人的内心，形成了一种独特的天赋和能力。在这种驱力的推动下，成为心理学家成了他人生的目标与使命，也成了他的“自我”。

外祖父对小马来说既是家人也是偶像，所以外祖父的意外离世给小马带来了沉重的打击。不知你是否理解，有些人的存在本身对我们来说就意味着支持，当他们离去的时候，崩塌的不仅是我们的情感，还有我们对这个世界的信念。外祖父在毫无保障的情况下牺牲在天空之上，这让小马从小就陷入对这世界深远的忧虑中。他忧虑能源会枯竭，所以大力提倡太阳能，也担心人类在地球上活不下去，于是他计划着让人类移民火星，而在他所有的忧虑中很重要的一件事是，保障人类航天飞行的安全。和乔布斯一样，小马也有一个做电子工程师的父亲，更有一个宽松和自由的家庭环境。在这样的环境下，他有足够的条件去探索和解决自己心中的忧虑。在这个过程中，他陆续创造和发明出不污染环境的特斯拉电动车，可以回收的火箭，以及能在火箭爆炸后依旧保证宇航员安全的技术。

渴望表达的女孩，受够了母亲的指责和批评，她不想活在别人定义的世界里。她渴望表达自我，表达自己的“三观”，但是自我表达带来的必然是冲突和争议，于是她学会了换位思考，在替每个人表达的过程中，将自己的心愿表达出来。在她的世界里，获得认可是她的渴望，打破母亲给她的标签成为她的原始驱力，而成为小说家成了她最后掌控现实和获得满足的方式。有时候，想要实现自我不一定需要获得他人的支持，打破他人给我们的枷锁也能让我们成为崭新的自己。

我们的“自我”并不是自始至终毫无改变的，不同的环境塑造出不同的自我。当环境发生改变时，自我必须为适应新环境做出调整。在不同的环境下，我们会面临不同的问题，这些问题会激发出我们不同的驱力和渴望。于是，我们以不同的方式去掌控新环境，满足我们的渴望，并成为与众不同的自己。

6

接下来的故事要从我们刚出生时的大脑说起。我们每个人其实都是慢慢地建立起“自我”和“独立人格”的。刚出生的时候，每个人都差不多，那些构建自我认知的记忆都还不存在，我们不知道何为是非，何为道德。但这时的我们也并非一无所知，至少我们知道，什么让我们快乐，什么让我们恐惧。

在我们大脑的最深处有一系列脑组织，被称为边缘系统（图3-1）。这是一个非常古老的结构，不仅是人类，在古代哺乳动物和现代爬虫的大脑里都存在，这里似乎潜藏着被荣格称为集体潜意识的人类祖先的共同记忆。这也是为什么人类天生害怕毒蛇和蜘蛛，即使我们没被它们伤害过，可能是祖先的一些记忆被编织进了边缘系统，所以人类天生就对这个世界有了一些有关生存的“认识”。

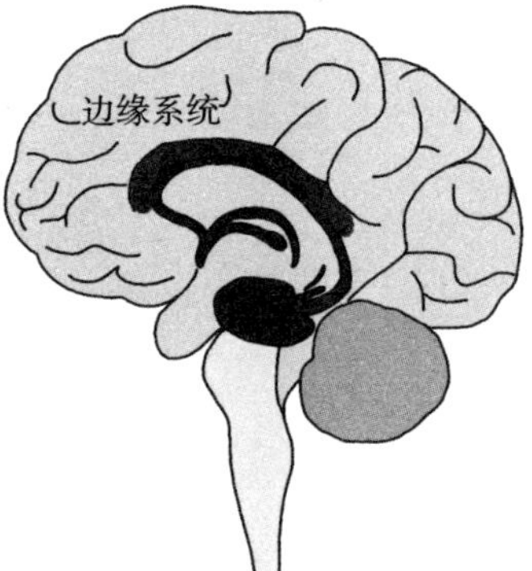

图 3–1　边缘系统

在边缘系统中，有一个结构叫丘脑。虽然长大后的人类可以通过已有的经验来构建对世界的认识，但是人类在刚一出生的时候没有任何的记忆，我们理解世界的方式完全靠感觉器官输入丘脑的信息。除了嗅觉，人类的所有感觉信息都要先进入丘脑，再通过丘脑传入大脑皮层。所以，在婴儿时期我们的感官被无情地淹没在这花花世界的纷繁刺激中，各种色彩、形状、事物和人冲进你的感官，经过丘脑（图 3-2），冲击你的大脑皮层。久而久之，看得多了，你便会在大脑中构建起对这个世界的印象。而这些鲜活的印象都存在于你的大脑右半球当中，至此，在边缘系统对世界做出反应之后，你建立了对这个世界的一些初步的认识。

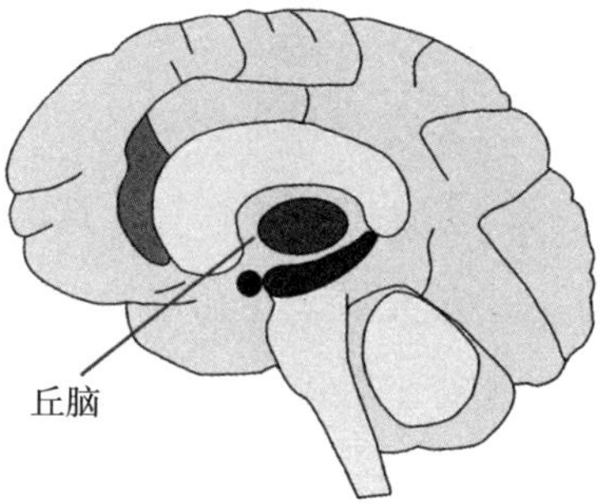

图 3-2　丘脑

我们都知道，大脑分为左右两半球（图 3-3），右半球与边缘系统有着更多的双向联系（Rotenberg and Weinberg, 1999）。在 3 岁半以前，我们都在用边缘系统和大脑右半球积累着对这个世界的认识（Green, 2003: 107-126），并且形成“情景记忆”。这时，我们还无法形成对这个世界的抽象认知，更无法掌控世界，保护自己。此外，我们还需要和父母建立“依恋”关系。脑科学研究表明，新形成的情景记忆和人类依恋关系的模型都存在于大脑右半球当中（Hugdahl, 1995）。这时的我们，应该是一个对世界充满自己想象的宝宝，被家人保护着，还不需要用自己的认知和行动去征服这个世界。这个时候，我们的智商和同龄的灵长类动物差不了多少。

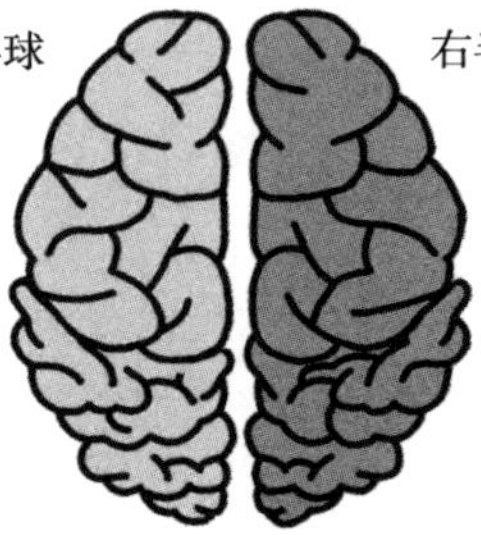

图 3–3　大脑左右半球

快到 4 岁的时候，大脑左半球前额叶（图 3-4）的胼胝体轴突开始向大脑右半球生长（Green, 2003: 107-126; Levin, 2018: 264）。在这个年纪，大脑左右半球完成了生命中第一次信息交互，从这里开始人类和猩猩的智商才有了天差地别。

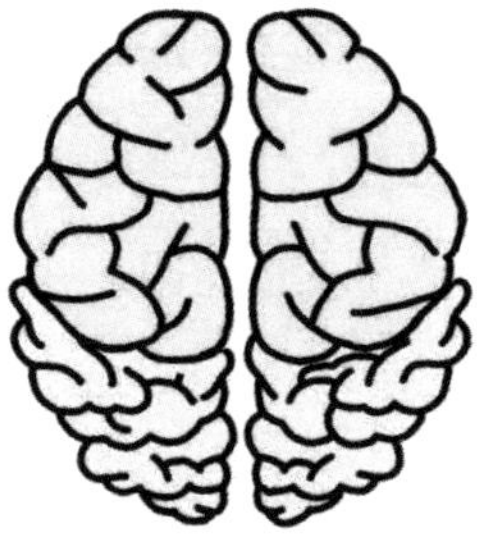

图 3–4　前额叶

心理学家们对这一时期的说法有很多。埃里克森认为这一时期儿童要开始进行如厕训练，在此之前他们的排泄是不受控制的，而从这时起儿童开始学习对排泄的掌控感，也就是说开始使用意志来控制身体，而“意志”和“自我决定”一旦发生，“自我”便开始慢慢建立了。而弗洛伊德的说法比较有趣，他认为在这一时期里，父母的一方成了儿童性幻想的对象，拿男孩举例，这一时期的男孩产生了“弑父娶母”的“俄狄浦斯情结”，而在父亲的威慑下，他们又知道“娶母”是不可能发生的事。只有战胜了父亲，才能得到母亲。所以这个年纪的男孩在下意识里把父亲既当作敌人，又当作榜样和学习的对象。于是，男孩在将父亲变成模仿目标之后，不断学习父亲的行为、认知和价值标准，也慢慢建立起自己的标准和独立人格。这一切的开始，都因为自我的出现，他们想掌控自己，掌控他人和掌控环境。

在自我掌控的过程中，前额叶发挥了重要作用。

据说当年灵长类进化到人类后，大脑容量增加了一倍，主要的增长都体现在了前额叶上。前额叶涉及很多人类高级复杂的心理功能，而在上面的故事里与前额叶有关的功能是计划、预测和控制，而这些功能也和克服问题与挑战有关。

让我们从头开始讲一个完整的故事。你刚出生的时候大脑一片空白，但是你通过边缘系统认识世界，并将这个世界里鲜活的画面和你依赖的爸妈的印象储存在了你的大脑当中。

但是这时的你也是一个无助和弱小的孩子，你需要他人的保护。你对外界环境十分敏感，环境中突如其来的危险和父母的保护不周都能在你幼小的心灵中留下伤痕，或者成了你内心深处的需求和渴望。或许你在饥饿中长大，担惊受怕，或许你的母亲没给你足够的关注，你缺乏安全感。

后来你慢慢长大了，你的自我意识开始觉醒，你意识到存在于你内心的那些渴望也许是可以被实现和满足的。于是，你开始使用你的前额叶去学习、计划和掌控，直到你实现了自己的渴望，你才会感到完整和满足。

人的成长与成熟是在不断地克服困难，解决问题的过程中完成的，而在这个过程中，前额叶的结构和功能不断地完善，你也把自己学习到的知识和规则不断地存入大脑左半球当中去（Wu, Jung, and Zhang, 2016），你开始感到舒适和稳定。当你完全适应和掌控了环境之后，你便基于这样的环境建立起了自我，而前额叶正是自我意识产生的基础。

因此，想要掌控现实，实现渴望，就需要这三个脑区的配合：边缘系统里有你最原始的快乐与恐惧，它和新鲜的经验建立联系并一起存入你右脑的情景记忆，成为你独特的心结和渴望。而要想打开心结，实现渴望，你必须用你的前额叶建立起对现实和环境的掌控感，最终才能成为更好的自己。

7

这个世界上没有两个完全一样的人。

就算是双胞胎，基因完全一样，接受的文化和教育完全一样，也会因为自己是哥哥还是弟弟所带来的自我认知而变得不一样，也会因为想要和对方不一样而不一样。

但大多数人的不一样是因为他们所处和经历的环境不一样。不一样的经历带来不一样的渴望，不一样的环境决定着不同的掌控环境的方式。因而有的人成了软件工程师，有的人成了艺术家，有的人成了老板，有的人成了老师。

就算环境和渴望是一样的，掌控环境的方式也一样，掌控环境的“程度”也可能是不一样的。有的人总是失控，过度情绪化，爱小题大做；有的人过度掌控，固执己见，刚愎自用；也有的人生死看淡，不掌控也不失控。

所以在找寻自我的路上，每个人都有不同的环境和背景，不同的需求和渴望，也有不同的努力和方式。

而这些种种不同，最终构成了不同的我们。

注

本文选取了三个“代理脑区”来论述自我形成的关键过程，但实际上各种心理现象背后有着复杂的脑区协作。比如，情景记忆（episodic）并不是右脑单一的功能，但是新情景记忆的形成确实和右脑有关，这个在重要文献里关于情景记忆的描述中有明确说明。本文还提到“人类刚出生的时候是依靠边缘系统来认识世界的”，这也是个不准确的表述，边缘系统和基底节等相关脑区只占人脑中的一小部分体积，婴儿不可能只靠这一结构来认识世界。边缘系统只是某些大脑网络的代理区，本文中如此表述主要是为了帮助一般读者简化认识，让他们对全篇主题有一个更好的理解，因此在科学性和易懂性上做了权衡。

另外，文中提到，学习到的知识和规则存在于大脑左半球中，从一般意义上来讲，这一点并不准确，因为学习和记忆都是两个大脑半球协作完成的。大脑功能的半球偏侧化确实存在，但是仅谈某一半球对脑功能的影响的左脑理论和右脑理论是不准确的。但是Wu（2016）的文章确实给我们一种启示，当发散思维的内容是“数学”的时候，左半球在想法生成中起关键作用。数学代表人类对世界的抽象认识，代表着人脑对规律的高度概括和总结。如果同时从进化生存与信息加工的角度来看，规律和规则的形成是人们在适应环境的过程中进行信息输入和学习的结果，学习完成之后，人们会使用规律和规则来认识和掌控环境。

本文在使用大脑结构的时候有重叠且不够精确，比如在谈右脑的时候就已经包含了前额叶，但是记忆的功能主要是右脑颞叶的功能，或者说右脑后部。这个混乱的结构安排主要是为了帮助普通读者节省注意力。此外，为了节省读者注意力而特意重新改写的描述还有“人类依恋关系的模型都存在于大脑右半球当中”这句话，其实准确的描述是“在内隐程序记忆的研究中，研究者发现右半球存储了关于依恋关系的内部工作模型”。

本文在所谓的理论建构上大量参考了《精神分析、依恋理论和神经科学中的情绪发展——创建联结》（Green，2019，中国轻工业出版社）。这是一本尝试着用神经科学的证据来支持精神分析理论的书，文中提到的婴幼儿早期发展的心理和脑机制的内容大都来自这本书。

相关文献

Green, V. (ed.) 2003. *Emotional Development in Psychoanalysis, Attachment Theory, and Neuroscience*: *Creating Connections*. New York：Brunner-Routledge Press.

Hugdahl, K. 1995. “Classical Conditioning and Implicit Learning: The Right Hemisphere Hypothesis.” In *Brain Asymmetry*, edited by Davidson, R.J. and Hugdahl，pp235–267. Cambridge：MIT Press.

Levin, F.M. 2018. *Mapping the Mind*: *The Intersection of Psychoanalysis and Neuroscience*. Hillsdale，NJ：The Analytic Press.

Rotenberg, V.S. and Weinberg, I. 1999. “Human Memory, Cerebral Hemispheres, and the Limbic System: A New Approach.” *Genet Soc*

Gen Psychol Monogr 125（1）：45–70.

Wu, X., Jung, R.E., and Zhang, H. 2016. "Neural Underpinnings of Divergent Production of Rules in Numerical Analogical Reasoning." *Biological Psychology* 117：170–178.

［美］沃尔特·艾萨克森，2014,《史蒂夫·乔布斯传》，中信出版社。

［美］阿什利·万斯，2016,《硅谷钢铁侠：埃隆·马斯克的冒险人生》，周恒星译，中信出版社。

第四篇

不同的我们

1

（1）

别说话，集中注意力。它要出现了，我听到了，也闻到了。虽然草动也可能来自风吹，但是这样的声音是危险接近的声音，我能闻到它身体释放出来的气味，它已经很接近了。

我们三个现在背对背站在一起，握紧手中的长枪，等待它的出现。它可能会从任何方向跳出来，我们要为此做好准备，在感到异常的第一时间就将长枪刺出去，不能有一丝犹豫。因为它离我们太近了，一旦出手晚了，我们就会被扑倒，到时候命运就由不得自己了，我们必须集中注意力。

我知道你可能感到害怕，想要退缩，但是你不能，它会闻到你的恐惧，因为你的恐惧会刺激你的身体释放出一种气味，一旦让它闻到了，它就会毫不犹豫地攻击你。你要克制你的情绪，抑制你的感受，从你被恐惧激发的内心世界里走出来，现在不是你担忧会被怎么吃掉的时候，你要是真的那么想，你就一定会被吃掉。你要忘掉头脑中的胡思乱想，把你的注意力放到外界，直面危机和现实。

如果你还不够自信，请想想我们平时做的所有训练都是为了这一刻准备的。你对待危险的态度并不只影响你一个人，如果你有任何迟疑，都会危及整个团队的生存。我不允许你恐惧，更不允许你迟疑。想想你平时做过的力量训练，这让你面对敌人时会有力量，但这并不是制胜的关键，因为你还需要灵敏和精准，快速反应和准确注意让你可以果断应对你的劲敌。更重要的是，我们还有策略，我们可以声东击西，可以诱敌深入，而它不会，它只是个动物，它虽然危险和致命，但是它没有能和我们匹敌的智慧，我们有必胜的信心。

就是现在，动手！

（2）

姐妹，走，逛树林子去！

你看，那朵花好漂亮啊，它以后会不会结果子呢？万一以后结了果子，我们可以来这里采果子吃啊，记住这个地方吧。

你看，这里有好多蓝色的小果子，但是颜色看起来好奇怪，原来从来没见过，不会吃死人吧？但是看起来也没什么毒，松鼠也在吃呢。我们就先把它采回去吧，先给它起名叫蓝莓，看着还蛮可爱的。

男人们一早就出发去森林深处打猎了，不知道现在怎么样了，不会有什么危险吧？我好担心啊。虽然我老公非常上进，平时刻苦训练，也非常爱我，可我还是担心万一他发生危险怎么办？万一他出了什么事，我和孩子就没人保护了。我的孩子还不到 2 岁，早上出来采果子把他留在家里了，不会出什么事吧？早知道带上他就好了，但是也不行，万一咱们在森林里出了什么事怎么办？哎呀，我好纠结。

算了，不要想了，你看这里有好多果子！我们快来采果子吧，这个太小了，一看就没熟，那个上面有虫子，我们还是不要采了。这个虫子好大，要是不小心采回去，婆婆又要唠叨了。

对了，你和你婆婆的关系怎么样？我真的很讨厌我婆婆，每天都因为一些鸡毛蒜皮的小事跟我发脾气，好像怎么都看我不顺眼。我嫁到他们家以后，感觉就像来做仆人一样。

对了，你老公每天都进行格斗训练吗？我老公虽然已经很优秀了，但是跟酋长比起来还是差得很远，但是我一点也不羡慕酋长的女人们，我就喜欢我现在平凡而又安定的生活。

啊，有蛇！

（3）

说起不同，我们先说说这世界上两种不同的人：男人和女人。

男女的差异既可能取决于采集狩猎时代社会分工所筛选出来的基因差异，也可能受到一个人在成长中所处的社会环境的影响。

通常来看，男性比女性身高体壮。在采集狩猎时代，强壮意味着在与野兽搏斗的过程中有更高的生存概率。而在搏斗的过程中需要理性地计划和预测，注意力集中并抑制情绪。所以男性的攻击性会比女性高，话少且专注，也更少表达情绪和感受。

而女性要比男性在情绪方面更加敏感，共情能力强，亲和友善。这可能源自女性需要养育孩子的责任和特点，情绪敏感可以用来感知环境中的危险，共情能力可以用来体察孩子的状态，亲和友善可以减少与他人的矛盾，这些都可以增加女性和孩子的生存概率。而她们所承担的采集任务让她们形成了更强的注意力的分散和分配的能力。

进入现代社会以后，采集狩猎时代所形成的差异非常明显地表现在了男女的爱好上：男生在电子游戏中重新投入战斗，女生进入商场里重新采集。而男生用来杀敌的鼠标和女生用来采集的包，依旧是现代社会的男女最为钟爱的日常用品。

人类祖先的生存环境和社会分工让男性和女性的特征不断地进行筛选和进化，形成了如今男女在基因和生理上的不同。随着时代的发展，人们在出生后的社会文化也不断强化着男女各自的特征。比如，在女权或平权思想的影响下，女性形成了追求独立感和掌控感的生活方式。

总体来说，生物进化和社会进化让男性和女性变成了不同的样子，而这些样子又会聚在一起成为人们心中的标签，成为社会判断什么样的行为是男性化或女性化的标准。如果不符合这一套标准，即不符合人们对事物的固有认知，就会受到一部分人的攻击和排挤。但其实男性和女性的特征并不是一成不变的。在现代，随着女性话语权的逐渐提高，男女的特征又会发生新的变化。

所以，采集狩猎时代的社会分工虽然定义了“绝对的”男性特征和女性特征的参照点，但是随着社会的发展，男性和女性都开始从各自的端点向中间靠拢。而你，也正处于这两个端点之间的某个位置上。

2

（1）

性格的形成来源于基因和环境，而父母既是我们的基因，也是我们原生家庭的环境。因此，我们的性格中必然会有父母的影子，我们到底会更像父亲一点，还是更像母亲一点，这就要从头说起了。

刚出生的他们虽然不知道自己是谁，这世界是怎么回事，但是他们知道自己在襁褓里是安全又温暖的，知道只要自己哭泣就能有奶吃，只要自己皱一皱眉头就会得到用心的照料。

当他们再长大一些，肌肉再发达一些的时候，他们开始获得了对身体的掌控权。他们抬头、翻身、站立和行走，这个时候的他们已经具备了初步的破坏力。这也许不叫破坏力，他们只是想用自己的方式和这个世界发生关系：推倒一个花瓶，掐住哈士奇的脖子，用妈妈的口红在墙上作画。父母当然不能坐视不管，便开始约束他们的行为。于是，他们开始了人生中第一次与父母争夺“自我掌控权”的斗争，这样的斗争可能会持续一辈子。但是在这个年纪时，你的父母给了你多大程度的自由将决定后来的你会变成怎样的人。

大多数父母在保证房子不会被拆掉的前提下会给孩子提供

足够的自由，但也有一些父母会过度限制孩子的行为，让他们失去自我掌控力。为了寻求掌控感，孩子开始蓄意捣乱，并拒绝排泄。有的孩子甚至可以做到一个星期不大便，父母会觉得孩子的身体出了问题，于是加大了关心和掌控的力度，结果导致恶性循环。

3岁到5岁的时候，孩子来到了一个新的阶段，他们开始对“人”产生兴趣。弗洛伊德认为这一时期的男孩都想要独占母亲，而女孩想要独占父亲。然而，这样的需求是不可能实现的，因为父母另一方的存在对他们的渴望造成了威胁。

男孩在亲近母亲的时候会隐约意识到母亲并不完全属于自己，母亲好像和父亲更亲密，而且父母之间的亲密非比寻常。但是他也好想以父亲的方式独占母亲，他在这个想法的驱动下，下意识地想要成为父亲，因为这样他就可以得到母亲了。而女孩下意识地想要成为母亲，这样就可以得到父亲了。于是，男孩开始学习和模仿父亲，女孩开始学习和模仿母亲。学着学着，来自父母的思想和行为就慢慢成了他们人格的一部分。

六七岁的时候，他们就该上小学了，这时的他们似乎忘记了当初想要独占父母的渴望，因为学校的生活不断分散着他们的注意力。但弗洛伊德说那种渴望并没有完全消失，只是被压抑了，到了青春期才会再次迸发出来。不管怎样，在上小学以前他们已经根据父亲或母亲的样子形成了自己人格的最底层，也把父母中另一半的样子深深地藏在了心底。

（2）

前面的内容总结了一个非常简单的道理：我们在成长的过程中都会变成父母的一方，并渴望占有另一方。但是在现实生活中，并不是每个人双亲都在。比如，一个刚出生父亲就去世的男孩，他在母亲的独自养育下长大，潜移默化地受到母亲的影响，性格会相对女性化。但他长大后表现出女性化的程度又取决于社会文化的影响，如果社会文化对于男孩表现出女性特征比较包容，他就会非常自信地成为一个拥有很多女性特征的男人。但如果社会对于这件事特别排斥，他就会在成长过程中重新寻找男性榜样，学习男性化的特征和行为，最终形成一个男女兼备的复杂性格。

而谈到社会文化对性格的影响，事情就更复杂了。因为就算一个男孩有正常的家庭，他还是有可能向女性化转变，而这样的情况广泛地出现在“女性强势”的文化和地区中。所谓“女性强势”就是在一个家庭中妈妈具有更强的话语权，爸爸比较温顺，也比较怕老婆，四川话俗称“粑耳朵”。在这样的社会和家庭中，男孩更愿意学习妈妈的行为和特征，因为在他们的潜意识里，这些特征可能是对环境更有掌控感的标志。

（3）

在恋爱和婚姻的博弈中，必然会有人成为强势的一方，也就是说更具有话语权和掌控感。而夫妻关系也从某种程度上影响着孩子的性格成长，孩子在寻求“自我掌控”的过程中性格逐渐向家庭中更有掌控感的那个人靠拢。但无论是爸爸更强势还是妈妈更强势，受到先天和进化的影响，男性和女性掌控环境的方式可能是不一样的。

进化让男性变得专注和果断，但是情绪和感受比较迟钝，他们喜欢以抽象的方式来认识世界，而且更沉默寡言。

进化让女性变得注意力广泛，更加敏感和情绪化，容易受外界环境变化的影响，她们更喜欢以生动形象的方式来认识世界，有更强的联想和想象能力，语言表达能力也更强。

所以在一个家庭中，“更强势的人”是爸爸还是妈妈，对孩子造成的影响可能也是不一样的。

男孩在强势父亲的影响下会变成一个专注且沉默的人，他们表达感受的方式非常含蓄，会把注意力放在掌控外界事物上。比如，两个极端案例是《灌篮高手》中的樱木花道和《头文字D》中的藤原拓海，他们都被单亲且强势的父亲抚养长大，他们的注意力分别在篮球和赛车上。男性由进化决定的掌控世界的方式是专注于任务，于是在面对父亲的强势掌控下，为了逃脱掌控，也为了获得自己的掌控感，男孩便会将注意力放在可以掌控的游戏、赛车和球类运动上。

而男孩一旦被强势的母亲所支配，便会发展出不一样的能力。男孩会学习更多的女性特质，包括形成对世界和他人更加包容的态度，拥有丰富的想象力和好奇心。值得注意的是，他们会养成更强的语言表达能力。从进化的角度来讲，女性常常通过交流信息获得安全感，通过表达观点来制造舆论和影响他人。所以，如果男孩是在强势母亲的影响下成长起来的，很有可能发展出出色的语言表达能力，这一点很明显地表现在了《奇葩说》众多的男性辩手身上。

毋庸置疑的是，女孩在强势母亲的影响下也会形成这样一种语言能力，但这种能力的背后隐藏着她们强大的联想能力，她们具备把很多事物串联在一起形成故事的能力。这一点在社会发展中尤为重要，谁更能讲好一个故事，谁便更有可能影响人们的观念和行为。有句话说“男人征服世界，女人征服男人”，虽然这句话经常被人诟病，但是从能力运用方面来说，由进化决定的女性天赋如果选择合适的方式和途径来施展，会对社会造成很大的影响。归根结底，其实并不是女人一定要征服男人，而是女性有自己征服和掌控世界的方式，不一定要像男性一样掌控世界。而无论是男孩还是女孩，在不同类型父母的影响下都会找到不同的掌控世界的方式，走上不同的自我成长的道路。

3

人们在追求自我掌控的过程中，有两个不得不提的脑区，它们都在大脑的左半球前额叶中：一个叫背外侧前额叶（dorsolateral prefrontal cortex，DLPFC），另一个叫额下回（inferior frontal gyrus，IFG）。（图 4-1）

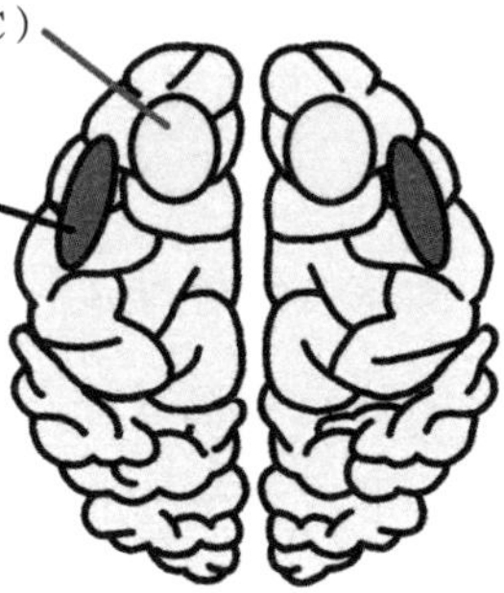

图 4-1　背外侧前额叶与额下回

DLPFC 负责任务执行过程中的注意力集中和计划决策，根据本章主题你可以把它片面地理解为一个“男性脑区”，当男性在丛林里集中注意力与野兽搏斗的时候，这个脑区是活跃的。

大脑左半球的 IFG 相应地可以被理解成“女性脑区”，它与认知灵活性和发散思维有关。此外，在 IFG 中有一个特别的区域叫布洛卡区（Broca’s area），也叫运动性语言区。如果一个人的布洛卡区受到损伤，他将无法说话。所以，IFG 是一个“话多”的脑区，并且研究证明这一脑区越活跃，人们的思维就越灵活、越发散（Runco and Yoruk, 2014）。

虽然大脑的运行非常复杂，这两个脑区并不能完全代表男性和女性，但是研究发现，左半球的 DLPFC 和 IFG 之间存在一种此消彼长、你高我低的关系（Nelson et al., 2007; Zhang, Sjoerds, and Homrnel, 2020）。因为一个人的注意力不可能同时做到集中又发散，也不可能在沉默寡言的同时又舌绽莲花，所以这两个脑区本身的特征和关系也就决定了你一次只能处于一种状态。虽然，男性在说话的时候 IFG 也会激活，女性在专注解决问题的时候 DLPFC 也会激活，但是每个人的大脑总会有一个代表通常状态的“基线”水平，而每个人的大脑在不同成分上的基线水平是不同的，于是就有了人们不同的特点。而男女在“出厂设置”上的不同，也决定了他们掌控环境的能力和方式的不同。

在一段恋爱或婚姻关系中，无论是谁成了掌控环境的强势一方，必然会造成另一方的相对失控和让步。就算是在非常平等的家庭里，也不是每一件小事的决定都能满足夫妻双方的预期。

试想一下这些场景：你的外公在家庭聚餐时拍着桌子侃侃而谈，你的外婆抱着碗沉默寡言。爷爷要看体育节目，奶奶要看综艺节目，于是爷爷拿起茶杯回了卧室。过年的时候，爸爸要给爷爷奶奶家送人参鲍鱼，妈妈不干了，也要给外公外婆家送一份，你爸说家里就这么一份，还是别人送的，这大过年的上哪儿再买一份去。妈妈气坏了，说：“为啥就给你爸妈送，不给我爸妈送。”爸爸说：“那要不就都别送了。”妈妈陷入了沉默，爸爸为了让她消气，中午做饭的时候把准备送礼的鲍鱼炖了，最后谁也没送。

在婚姻和恋爱关系中存在着各种博弈，人们一边为爱付出，一边害怕因为过度付出而产生失控感，所以关系本身就成了一场拉锯战。有的时候你比较强势，有的时候对方比较强势，但是在博弈之间会产生一个常态，总有一方长期占据主导和掌控的地位，这表现在发生矛盾的时候谁先道歉，做共同决定的时候最终听谁的意见。而先道歉和多让步的那个人，就在关系中被逼出了自我掌控的范畴，成了不太在乎自己但是更考虑对方的人。

被对方逼出了负责自我掌控的左侧前额叶之后，一个关爱和包容对方的你来到了代表爱的大脑右半球后部（图 4–2）。

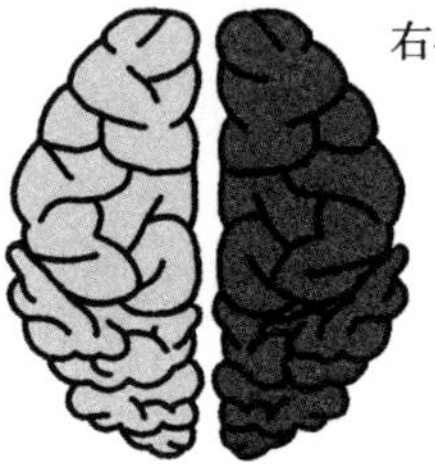

图 4–2　大脑右半球

如果从“让步”的大脑功能说起：母亲，或者说女性，在生育之后，她们就开始为了孩子不断做出让步。她们时刻关注孩子的安全和需求，可以在任何时候为孩子挺身而出，这是由母亲的大脑状态决定的。研究和观察发现，绝大多数的女性都会用身体左侧怀抱和晃动婴儿。根据身体和大脑的投射关系，这种“左侧怀抱倾向”是由大脑右半球决定的，而这一现象与惯用手无关，而且在所有文化中广泛存在（Manning et al.，1997）。同时，心理学研究也发现大脑右半球中存储了一个“依恋关系”的记忆模型（Hugdahl，1995）。这些证据都说明，在左侧前额叶负责自我掌控的同时，人们用右半球来关爱他人和做出让步。

如果自我关注的人喜欢表达与左侧前额叶的 IFG 有关，那些愿意倾听和理解他人的人是一种什么状态呢？从大脑信息加工的角度来讲，大脑有两种加工方式：一种叫自上而下的加工（top-down），另一种叫自下而上的加工（bottom-up）。通俗来讲，你可以这样理解这两种加工方式：喜欢自上而下加工的人，他们总是高高在上，自以为是。他们认为自己有足够多的知识，也认为自己的判断很少会出错。于是，他们用头脑中的观念去评判一切，对人指指点点。而喜欢自下而上加工的人，他们放低姿态，打开天线，喜欢理解和倾听别人。在倾听你的时候，他们会用眼睛注视着你，充满好奇和关心，他们真的渴望理解和帮助你。

虽然有的人固执己见，有的人喜欢倾听，但是人们可以灵活地在两种状态之间切换。比如，一个固执己见的人遇见了一个伟大的科学家，他就会愿意聆听；而一个喜欢倾听的人在别人寻求帮助的时候也会给出自己的意见。而控制这两种状态切换的开关很有可能是大脑中的脑岛（insula），因为据说当一个人的脑岛有问题时，他就会出现自恋型人格障碍（George and Short），这种人听不进去别人对他们的负面评价，他们会按照主观意愿来扭曲事实，如果你向他问个路，他都会觉得你喜欢他。

当脑岛开关开启，人们就会进入自下而上的“信息接收”的状态，外界信息就会通过感官进入人的头脑中，而丘脑正是这一切感觉信息的入口（嗅觉除外）。

丘脑位于大脑的边缘系统中，我们之前说过边缘系统是一个与情绪有关的非常古老的结构，而这一结构和大脑右半球的神经元有更多的双向连接（Rotenberg and Weinberg, 1999）。大脑从外界接收的信息会首先涌入大脑右半球，构成了我们头脑中鲜活的画面和记忆，而这些记忆中存储着我们愿意为之挺身而出的所爱之人的样子。

因为爱的存在，我们才愿意让步，愿意挺身而出。在正常的关系中，双方都在博弈中处于一种动态平衡的状态，有时候你掌控，有时候我掌控。但无论是在恋爱还是在家庭关系中，如果你长期处于失控状态，也许说明对方并不太在乎你的感受，可能是时候选择做回自己了。

尽管我们并不一定要把掌控感建立在他人身上，但是拥有了掌控感我们才能成为更好的自己。而每个人出生后所接触的社会环境和家庭环境各不相同，我们在这些环境中以自己独特的方式去掌控环境，最终变成了不同的我们。

而不同的我们，也会喜欢不一样的人。

注

探讨左半球 DLPFC 和 IFG 之间拮抗关系的研究不多，但是可以在 Nelson（2007）和 Zhang（2020）的研究中找到相关的证据和论述。另外，在本文所探讨的主题下，为了让读者更好地理解本文的主题以及 DLPFC 和 IFG 的关系，使用了将 DLPFC 和 IFG 作为男性和女性的代理脑区的比喻。但从一般意义来讲，用简单的属性来划分差异的做法并不恰当。另外，大脑是作为整体来运作的，DLPFC 和 IFG 只能作为复杂神经活动的代理来辅助本文对现象的描述和理解。所以在看待本文中提到的科学证据对现象的支持时，请格外注意其局限性。

相关文献

George, F.R. and Short, D. 2017. "The Cognitive Neuroscience of Narcissism." Unpublished Manuscript.

Hugdahl, K. 1995. "Classical Conditioning and Implicit Learning: The Right Hemisphere Hypothesis." In *Brain Asymmetry*, edited by Davidson, R.J. and Hugdahl. Cambridge：MIT Press.

Manning, J.T., Trivers, R.L., Thornhill, R., Singh, D., Denman, J., Eklo, M.H. and Anderton, R.H. 1997. "Ear Asymmetry and Left-side Cradling." *Evolution Human Behavior* 18（5）：327–340.

Nelson, E.E., Vinton, D.T., Berghorst, L., Towbin, K.E.,

Hommer, R.E., Dickstein, D.P., Rich, B.A., Brotman, M.A., Pine, D.S. and Leibenluft, E. 2007. "Brain Systems Underlying Response Flexibility in Healthy and Bipolar Adolescents: an Event-related fMRI Study." *Bipolar Disorders* 9（8）: 810–819.

Rotenberg, V.S. and Weinberg, I. 1999. "Human Memory, Cerebral Hemispheres, and the Limbic System: A New Approach." *Genet Soc Gen Psychol Monogr* 125（1）: 45–70.

Runco, M.A. and Yoruk, S. 2014. "The Neuroscience of Divergent Thinking." *Activitas Nervosa Superior* 56, 1–16.

Zhang, W., Sjoerds, Z. and Hommel, B. 2020. "Metacontrol of Human Creativity: The Neurocognitive Mechanisms of Convergent and Divergent Thinking." *NeuroImage* 210: 116572.

第五篇

粉玫瑰

1

妻子怪老张给家里的狗子惯了个毛病，非要在狗子吃饭前晃两下铃铛，后来就算没到吃饭时间，狗子一看铃铛就流口水，流得满地都是。妻子一边擦地一边骂：“你真以为你是巴甫洛夫呢？”

下午的时候，老张牵着狗出去遛弯儿，回来时刚好遇见放学回家的儿子小张。狗子一看到小张，兴奋不已，用力挣脱老张的束缚，一路奔向小张，奔过去的时候绳子在空中飞舞。小张看见这个情形一屁股坐在地上，恐慌地开始往后挪动，当狗子一下扑上来的时候，小张“哇”的一下就哭了。事后妻子又把老张骂了一顿：“你不记得小张小时候被蛇咬过了？你为什么不握紧手中的绳子？”

又被妻子臭骂一顿的老张感觉自己很冤枉，他一边喘着粗气一边抽着烟，眼睛里全是怨恨，但是他不敢看向妻子。他想，忍一时风平浪静，十几年都忍了，没必要在乎这一时半会儿。

晚上睡觉的时候，老张气得翻来覆去睡不着，他反思为什么自己这几十年过得这么窝囊。小时候天天被母亲骂，找了个喜欢的女人结婚，结了婚之后天天被妻子骂，为什么自己总是被人骂？自己为什么要和枕边的这个人结婚？为什么当初会喜欢她？为什么面对她，自己就是凶不起来？想着想着，老张睡着了，梦里他看见了自己的偶像巴甫洛夫。

巴甫洛夫正在老张他们家小区遛狗，说是新冠肺炎疫情期间小区封了，出不去，只能在小区里遛。老张跟上巴甫洛夫的脚步，和他一起在长椅上坐下，将自己白天的经历和心里话告诉了巴甫洛夫。

巴甫洛夫说："该怎么给你解释这件事呢？让我从头开始说吧，关于你家狗子、你儿子和你的妻子。

"人在刚出生的时候，虽然记忆一片空白，但是我们所有的渴望和原始的记忆都被写进了大脑里，我们天生会渴望一些东西，也会恐惧和回避一些东西。但是这个时候我们的意识还不清醒，面对这个花花世界，我们有时候甚至不知道自己想要什么，不知道什么能给我们安全和满足。但是我们的渴望是客观存在的，我们的恐惧也是客观存在的。

"这样的我们在父母的引导下鲁莽地冲进这个世界，和这个世界发生接触，然后产生记忆。记忆会和你的情绪绑定在一起，当下一次记忆再被触发的时候，你的情绪就会被触动，然后你内心的感受就会告诉你这是好事还是坏事，你应该前进还是后退。

"你家狗子天生见了食物就会流口水，这是一种天然的反应，由本能直接完成。而你在它每次吃饭的时候都摇铃铛，它便把铃铛和吃饭绑在一起写进了它的记忆里。此后的日子里，你家狗子一看到铃铛就会感觉很亲切，就想'前进'。

"你儿子怕蛇本来是天生的，因为人类对蛇有原始的记忆和天然的恐惧。更何况你儿子又被蛇咬过，这就雪上加霜，所以恐惧就泛化了。也就是说，你儿子看到什么像蛇的东西都会恐惧，绳子啦，皮鞭啦，围巾啦。所以一看这些东西，你儿子就想‘后退’。

“在我们的大脑里，我们本能的渴望都存在于边缘系统里，而边缘系统和右脑的联系更多，右脑存着我们从外界接收来的鲜活记忆（见前一篇的叙述）。当我们第一次做某件事情的时候，外界信息激起了我们的感受和情绪，从丘脑冲入右脑的情景记忆里，变成我们的回忆，第一次的感受总是强烈又充满不确定性的，所以记忆也最深刻。记忆形成后，下次再遇到相似的事情，我们就有了确定感和做判断的依据。如果你对某个人有亲切感，想要接近他，他必然和你头脑中对某个亲切的人的记忆有些相似，于是你渴望去了解他。当然，你也会对某些人产生莫名的讨厌，也可能是因为这个人和你过去讨厌的某个人很像，或者他激起了你似曾相识的厌恶的感觉。这就解释了你家狗子对铃铛的亲切和你儿子对绳子的恐惧。

“至于你的妻子，我想说，老张啊，其实你从来不是一个窝囊的人。你的事业很成功，在办公室里也深受大家的喜欢，但是一回家，你就变成了一个‘妻管严’，气都不敢出。这主要是因为在你内心深处，你喜欢这种在爱人面前窝囊的感觉。

“你想想你爸是一个什么样的人？现在的你是不是跟过去的你爸一个样？从小到大，你妈一边骂着你，一边照顾你的生活起居，给你洗衣做饭，你享受这种感觉。你好好想想今天发生的事情，就算你妻子埋怨你让狗子的口水流了一地，但她还是亲自去擦地。这像不像小时候你妈一边骂着你怎么卧室这么乱，一边给你收拾卧室的样子？

“你还记得你和她是怎么相遇的吗？你第一次见到她就无法自拔，你看着她，眼里都是星星，嘴巴乐开了花，你感觉自己浑身颤抖，充满了力量。你渴望得到她的注意，你渴望她的爱，你毫不犹豫地要了她的电话。你们第一次聊天，你就感觉两个人很契合。你们在卿卿我我、吵吵闹闹中越来越分不开，直到今天孩子都上小学了。

“你知道为什么你一见到她就冲了上去，而不是感到陌生和讨厌吗？是的，因为她给你的感觉和你妈在你记忆里留下的样子太像了。你并不会对每个人都产生这样的感觉，也正是这样熟悉的感觉，让你感到亲切。

“还记不记得你妻子和你妈第一次见面时，你妈就认定她就是自己的儿媳妇了，你不知道为什么吗？因为你妈在看你妻子的时候，她看到的都是自己的影子。哪有人会不认同自己呢？

“在追求爱情的道路上，你会因为很多原因喜欢上一个人，虽然你也会慢慢喜欢一个一开始自己很讨厌的人。但那些第一次见面就让你心生欢喜的人，一定符合你头脑中某些曾给你快乐的形象，于是你对这些人产生了好奇和渴望。而在绝大多数情况下，我们头脑中建立起的第一个让我们快乐的形象就是我们的父母。随着长大，我们会遇到很多人，并和很多人产生联系。他们有的让我们快乐，有的让我们讨厌，我们对这个世界的认知和喜好开始逐渐复杂，甚至有的时候会喜欢上和我们的父母完全不一样的人。但这一切的快乐和痛苦大都建立在我们和父母的关系之上。如果我们在童年时缺失了父母的关爱，头脑中便很难建立起一个给我们快乐的形象。于是，我们在人世中流浪和挣扎，倔强和反抗，直到一个愿意爱我们的人出现才重新燃起了希望。”

2

人们常说：“你是什么人，你便吸引什么人。”假如你生活在一个完整的家庭里，虽然爸妈吵吵闹闹但是都很爱你，你也在他们的影响下成了你自己，这样的你会喜欢谁，又会吸引谁呢？

还记得上一篇的内容吗？如果你在一个强势果断的爸爸和温柔包容的妈妈的抚养下长大，你成了一个像爸爸一样强势的男孩。而你妈妈关爱你的样子，她的性格和给你造成的感觉会深深地刻入你的潜意识中。进入青春期以后，你会下意识地寻找一个能给你一样温柔的女孩。有一天，强势的男孩突然遇见了一个温柔的女孩，她温暖且少语，拿不定主意，但是会盯着你看，等待你帮她做决定。这个女孩也有一个相似的强势父亲和一个温柔的母亲，她在成长中也慢慢成了母亲的样子，并把父亲的样子藏在了心底。她的父亲成熟而稳重，专注而果断，只要父亲出现，对她而言就意味着快乐和安全。当这个强势的男孩和温柔的女孩相遇的时候，他们互相激起了彼此头脑中代表安全和满足的形象，他们对彼此感到很亲切，也深有渴望，于是一见钟情，一拍即合。

而一个在“母强父弱”的家庭下成长起来的温柔男孩，内心往往会无比渴望精致强大的女孩。当他和这样的女孩相遇的时候，这个女孩通常也有一个强势的母亲，如果她恰好也有一个温柔的父亲，那么两人四目相对就很有可能擦出火花。但是如果这个女孩成长在一个父母都很强势的家庭，她在模仿和学习母亲的过程中变成了一个强势的女孩，她的内心也渴望着一个强势精干的男性形象。这时候，当温柔的男孩与这个强势女孩相遇时，这样的喜欢通常是单向的，就算男孩再努力追求，他也很难成为对方内心深处最渴望的那个样子。

或者，一个缺失父亲的女孩和母亲生活在一起，母亲一个人扛起了整个家庭。母亲精明强干，也让女孩变成了一个强势精干的人，但是她的头脑里没有一个能给她快乐的男性形象。她知道自己喜欢什么样的女性，但是不知道自己喜欢什么样的男性。当她遇到了一个温柔的男孩，这个男孩就成了给她快乐和痛苦的第一个形象。而这个形象，也会作为她记忆中最底层的模型来帮助她理解与男性的关系和感情。

再或者，一个缺失了母亲的男孩在暴躁的单身父亲的养育下，成了一个倔强又强势的男性。他不知道自己喜欢什么样的女孩，但是他的内心无比渴望温柔。这时候，如果他遇到了一个父母都很强势的强势女孩，这个女孩看男孩这么强势，她无比喜欢，主动追求男孩，男孩第一次感受到了来自女性的温暖。但是女孩的父母都很强势，所以在女孩对关系的理解中，在一起就意味着互相斗争，寸步不让。于是，他们在一起之后，男孩建立了他用来理解男女关系的第一个脑回路。但这个初体验很有可能给他带来心理创伤，使得他在以后的人际交往中也许会十分畏惧强势的女性，但是又因为和这样的女性也有过快乐的时光，所以他也会期待这样相爱相杀的关系。但如果他的第一段感情是和一个更温柔的女生展开的，那他后来的感情生活也许会完全不一样。

不管你是什么样的人，都不要害怕自己会孤独终老，因为一定会有人喜欢你。

3

(1)

大学毕业的时候，小龙认识了小甜。他从来没见过如此可爱的女生，所以一见钟情，展开了一场持续四年的追求。对于小龙的好，小甜从来没有拒绝过，她也觉得一个对自己这么好的男人是值得托付终身，可以考虑结婚的。

然而，问题在于小甜好像没办法真的喜欢小龙。尽管她有什么需求，小龙都会在第一时间满足。久而久之，她便把小龙对她的好当成了理所当然，甚至有时候还会有点嫌弃小龙。小甜曾经喜欢过的男孩都是那种酷酷的，会对她好，但是不会什么需求都满足她，让她有一种得不到还想要的感觉。但是小龙对她来说好像永远都在那里，所以她对小龙没有一点渴望。

经过了四年的追求，小龙付出了很多，但是连小甜的手都没拉过。小龙的心里开始不平衡，但他渴望从小甜这里获得平衡，于是他总找机会和小甜吵架。而小甜知道无论小龙喊的声音多大，他都会回来认错，所以她根本没把小龙的情绪化当回事。

这样的关系持续到2020年的某一天。小龙痛苦难忍，决定对自己好一点。那天早上他趁自己头脑清醒，拿起电话拨给了小甜。

他说："小甜，谢谢你的存在，让我爱了这么多年，但我知道这样下去是没有结果的。所以我今天打这个电话来是想说，从今往后，我要开始过自己的生活了，跟你道个别。为了你好，也为了我好，我们从今往后就不要联系了，再见。"

电话响起了"嘟嘟"的声音，小甜愣住了，她眼神发直，深吸一口气，用力咽了一下口水，拿着手机在屋子里走来走去，然后拿起电话又给小龙打了回去。小龙把电话挂掉了，没有接。小甜感受到了一种前所未有的挫败感：你怎么能这么对我呢，怎么还不接电话了？紧接着小甜夺命连环call了起来，小龙一个电话也没接。

小甜给小龙发起了微信："你接电话，有本事你把话说清楚。我还没说话呢，你就挂电话，让不让别人说话了？你要是男人就接电话，别躲着我！"

小甜点击"发送"后，微信提示"对方不是你的好友，请点击'验证'添加好友"。小甜情绪崩溃了，此刻的她又愤怒又失落，她只想让小龙回来。她突然意识到，原来自己是爱着小龙的。她跑到小龙家楼下，想让小龙回来。她对小龙说："我喜欢你，只是我原来不知道，求你回来吧。”

小龙有些惊慌，也有些感动，他没想到自己付出了这么多年竟然真的是有结果的。小龙想都没想，就走过去抱着小甜说：“做我女朋友吧！”

小甜说：“好！”

小龙问：“我能把朋友圈封面换成你的照片吗？”

小甜说：“好。”

小龙问：“我明天早上来接你一起吃早饭？”

小甜说：“好。”

确立关系后的第三天，小龙慢慢变回了原来的样子，他对小甜无时无刻不关注，好像这世界上除了关注小甜就没有正事一样。小甜则又开始反感小龙，慢慢地，这样的感受越来越深。直到有一天晚上，小甜跟小龙说：“小龙，我们分手吧，真的对不起。谢谢你这些年给我的关爱，我知道是我对不起你。我真的很努力了，可我还是没办法喜欢上你。我知道，上周我说，我心里是喜欢你的，但那只是源于我被抛弃的不甘心，我只是不喜欢那种强烈的失控感，所以才想要和你在一起。当我们两个真的在一起时，我才意识到我并不喜欢你，所以我们分手吧，对不起。”

（2）

爱是一种需求，是一种不满足，一旦我们的需求持续且稳定地被满足了，爱很有可能就消退了。人们不喜欢总能满足自己的人，虽然这些人给了我们掌控感。但是爱别人又意味着我们要放弃一部分自我掌控，也意味着失控。不过你也可以反过来说，谁让我们失控，我们就会注意到谁，我们要么喜欢他，要么讨厌他。所以恋爱关系中的互相伤害也是常见的事情，因为爱，所以失控，因为失控，所以想在对方身上获得掌控感，所以伤害开始了。

遗憾的是，小龙遇到爱情会失去自我，不坚持自我，也便无法让小甜失控。也因为持续享有掌控感，小甜没有办法把注意力放在小龙身上，唯一的一次失控，便是小龙诀别的那一刻。但是随着掌控感的恢复，昔日的感觉又回来了。

我们并不知道小龙和小甜的原生家庭是什么样的，他们会吸引什么人，又会被什么人吸引。但我们可以推测，小龙在心底里可能渴望一个温柔可爱的女人，但是小甜也许期待着一个强势有力可以保护她的男人。小龙不符合小甜内心对男性的渴望，不能填补小甜内心的空缺。

然而，就算两个人在性格上相互吸引，也还是会出问题，因为人们还有很多外部评价标准。我们生活在一个复杂的社会中，我们都渴望成为这个社会中比较优秀的一员，优秀便是我们掌控感的来源，然而优秀的标准在不同的文化和背景下却是多种多样的。

如果拥有相同的背景和价值观，比如在“崇尚学历”的文化里，一个本科学历但性格强势的男士遇到一个博士学历但性格弱势的女士，就算一开始两个人在性格上是相互吸引的，但随着了解的加深，即便性格再弱势的女性也会在自我追求上有自己的标准。她会觉得对方学历不够，男士也会觉得自卑，这时他强势的性格就会逐渐削弱，他会觉得面对女士有点抬不起头，但是他的自我认知里又觉得自己应该是强势有力的，所以他在自卑和心虚的影响下变得自负。这样的自负又引发了女士的不满，女士也许会觉得“没本事的男人脾气才大”，最终两个人在矛盾中走向了分歧。

再或者，性格相互吸引的男女来自不同的文化背景，一个重视金钱，另一个重视学历，虽然他们在性格上互相吸引，但是也会互相看不起。他们想让对方服从自己的价值观和文化，但是谁也不肯低头。于是在价值观和文化的不断冲突下，两个人在互相攻击彼此文化的过程中走向了分歧。

所以，人们不喜欢完全掌控，也不喜欢完全失控。性格互补才吸引，“三观”相似才长久。

4

我在一个阳光明媚的日子里与你相遇，阳光打在你的脸上，反射进我的眼睛里，你可爱的样子从视神经一路传递冲进我的丘脑里。一瞬间，我感到失控，也感到欢喜，于是我启动了我的海马体，它在我的右脑里四处找寻，想找到一个相似的形象来让我感到安定。你给我的感觉真的好温暖，也好熟悉，但是也好独特，好神秘，让我不能自已。遇见你，我感到气血上涌，多巴胺在快速分泌，它流动到我身体和大脑的每一个细胞里，最终冲进我的前额叶，变成行动的勇气，让我说出：“你好，可不可以认识你？”

你与我相遇，也一见欢喜，我们在彼此的眼睛里都看到了星星，我们慢慢靠近，慢慢了解对方内心的秘密。在还没互相了解之前，我们都不愿表达太多，因为大家都想保持神秘，也担心因为表达太多而让对方嫌弃。我们可以慢慢了解，一点一点把自己讲给对方听。如果我们“三观”相同，你每了解一点，都会感觉与我的相遇简直就是一个奇迹；如果我们“三观”不同，你每了解一点，每接受一点，都会感觉我是新鲜又神秘的。但是就怕我们话说得太多了，如果我们“三观”相同，你很快就了解了我的一切，从而对我丧失好奇。如果我们“三观”不同，你无法接受我的观点，从而产生了厌恶和恐惧。不管我们“三观”是相同还是不同，吸引已经发生，我们无法控制它的发生，却可以控制它的进程，只要我们在彼此头脑中永远熟悉而又不同，掌控而又失控。

从根本上来说，人所感知到的一切现实皆在我们的头脑之中，只要我们能一直维系一个失控和掌控的平衡，那么我们的关系便可以最佳的状态和体验维系下去。然而，平衡无法永恒，因为大脑存在的每分每秒，这种平衡状态都在不断地被打破和被撕扯。

还记不记得，人的左侧前额叶负责自我掌控，右后脑和边缘系统负责关心他人和失控。还记不记得第一次和他相遇的时候，你二话没说，就让自己陷了进去，失控到底，你才意识到你根本不了解自己。你开始学习和成长，慢慢地建立了自己的秩序，也了解了自己喜欢什么样的人。后来，你再遇见一个“他”，你感受到了来自内心深处的呼唤，感受到了对方身上的吸引力，于是一个完整坚定的你决定割让出去一部分自己，才发现一边掌控一边失控也很快乐和有趣。

而大脑中的快乐来自多巴胺的分泌。多巴胺系统有四条通路，一条直通前额叶，它代表着一切你掌控自我所构建的内部秩序，构建好了你便专注、快乐又稳定。剩下的三条都在大脑深处的边缘系统里，这里与外界环境连通，代表着你能从外界直接获得的快乐，比如味蕾感受到的美食、映入眼帘的帅哥美女。这里也和存着“爱的原型”的大脑右半球有着更深刻的联系。这两类多巴胺通路和它们触及的大脑区域对应着我们的内心世界和外部世界，对应着自我和他人。研究证明，这两类通路之间存在着此消彼长的关系，一个弱了，另一个就强，而平衡状态只有在很少数的时候才存在。所以就算是你当初再爱的人，日子过久了便也觉得他平淡无奇，于是你开始渴望新鲜和刺激。此时，你的耳边是来自边缘系统的“小恶魔”的呼唤，说它渴望新鲜感，渴望失控带来的快乐，所以才有了张爱玲所写的《红玫瑰与白玫瑰》。

你的大脑总是处于多巴胺可以到达的两极，和个性不同的人处久了，你开始渴望灵魂伴侣，而和相似的人处久了，你又渴望新鲜刺激。处于这一极的你总渴望走向另一极，而快乐的极致存在于两极的中点，它是给你认同又把你吸引的粉玫瑰。

粉玫瑰并不长久存在，一旦出现，便能给你前所未有的快乐。

第六篇

快乐的极致

1

(1)

荷兰东部有个“凡·高国家森林公园”，地貌多样，植被丰富，是个春游的好去处。那年春天，我、Tom 和 Isabella 三人结伴，一同去公园里踏青采蘑菇，可是没想到却采到了毒蘑菇……

(2)

我们一起回到我家后。

“我想吐……”说着，Isabella 冲进厕所，关上了门。

与此同时，Tom 蜷缩在沙发上摸着自己的肚子，瑟瑟发抖地说：“我们不会是吃了毒蘑菇吧？”

“我们打电话叫救护车吧？”我着急地说。因为对蘑菇过敏，我并没有吃采回来的蘑菇，但是心急如焚，生怕他们两个在我家一命呜呼，到时候媒体报道“博士生误食毒蘑菇惨死家中”，面子上挂不住。

Tom 却说：“慢着，先观察一下，要是问题不严重去了医院也没用，荷兰的医生会让你回家自己挺过去。你把吃剩下的蘑菇拿过来，让我检查一下。”Tom 话音刚落，就听见 Isabella 在厕所里呕得撕心裂肺的声音，我连忙把装蘑菇的袋子拿来给 Tom 检查。

Tom 的研究方向是植物医学，也是个爱吃蘑菇的“老司机”。他一只手捂着肚子，一只手在袋子里摸索，突然间眉头一皱，从袋子里抓出来一些比其他蘑菇要小的品种，问我：“这是谁放进来的？”

我心里知道大事不妙，蘑菇中毒这事多半是因为我。我一时不知如何反应，便下意识轻描淡写地说：“我随便采的呀，怎么啦，有毒？”

“这是致幻蘑菇，你在荷兰待了两年了，这个都不认识吗？还好摄入的量不多，不然今天真的让你害死了！”Tom 激动地说。

“那怎么办，要去医院吗？”我问。

“快拉倒吧，这点量，就跟喝醉了似的，还没到医院就清醒了。Isabella 吐完应该就没事了，我不打算吐了，刚好机会难得，让我在你家体验一番迷幻的旅程。”Tom 继续说，“吃了蘑菇会踏上一场心灵之旅，情绪会失控，刚好你是学心理学的，万一我一会儿痛苦得想自杀，你可要救我哦！”

“你要不还是去吐了吧。”我满脸发愁地说。

“谁让你采毒蘑菇给我吃，今天我还就赖上你了，赶紧给我放个音乐，致幻蘑菇能放大情绪和感官，也许音乐能和蘑菇在大脑里产生共鸣。”Tom 说。

音乐响起，Tom 慢慢闭上眼睛，陷入了沉醉。我还是有些担心，于是给莱顿大学医学中心的朋友发了信息，并在网上查找了关于致幻蘑菇的信息。在全面了解了这种蘑菇的特性后，我松了一口气。想着机会确实难得，不如测试一下致幻蘑菇对 Tom 的大脑会造成什么影响。于是，我把我从荷兰各处博物馆里买的印刷版名画拿了出来，打算让 Tom 欣赏一下，顺便看看他的反应和平时有什么不一样。我先拿出了原画收藏于阿姆斯特丹凡·高博物馆的凡·高自画像（图 6-1），这幅画的特点在于整幅画充满了数量庞大且色彩丰富的笔触。

图 6-1　凡·高自画像

Tom 双手抱起这幅画，皱眉定睛，用力地往画里看了一会儿，突然说了一句表示惊叹的英文脏话。然后他说："它动了，这幅画动了，我的天哪！"

"它怎么动的？"我追问。

Tom 根本没有听见我的问题，继续说着："它竟然动了，这也太神奇了吧。原来凡·高的画需要这么看，我终于知道了。凡·高画这幅画的时候绝对吃致幻蘑菇了，这幅画现在看起来和原来完全不一样，太神奇了，它竟然动了。”

紧接着 Tom 盯着天花板说：“我感觉天花板正在向我迎面压过来，离我越来越近，你看窗帘也在动，妈呀，哈哈。”

Tom 发出一阵又一阵的笑声，他笑起来像鹅叫。我为了转移他的注意力，又拿出了第二幅画（图 6-2），这是一幅真正的画。

图 6-2　在埃及购买的油画

这幅画是我在埃及红海边一个叫赫尔格达的城市里的一个阿拉伯小姐姐手上买的。当时这幅画给我的感觉就是整座城市被笼罩在天空中这个大花盘的封印之下，有一种神秘的感觉。而且天空的背景颜色极其丰富，这样的颜色在 Tom 眼里一定会产生不一样的效果。

这幅画太大了，Tom 一个人拿不住，我在远处举着这幅画，Tom 伸着脖子往画里看。“这个在动，这个花轮一直在转，哈哈，好好玩。我不想坐着了，我能在你的床上躺着吗？”

我说：“没事儿，你去吧，想怎么躺就怎么躺。”

Tom 躺下之后看着天花板，说：“啊，天花板要砸下来了，它离我好近啊。”说着说着，Tom 下半身剧烈地抽动了一下。

我感觉有些紧张，我正准备走过去，他又强烈地抽动了一下。我说：“Tom，你还好吧？”

Tom 说：“没关系，你放心，我是自己想抽搐的，这种抽搐给了我一种快感。你别管我，让我再抽一会儿。”

说完，Tom 继续抽动。

与此同时，Isabella 因为把蘑菇全吐了，正坐在沙发上休息，我便开始和她聊天。我说：“你看 Tom 刚才的反应，很显然是蘑菇产生的毒素先进入了他的初级视觉区域，也就是大脑的枕叶。现在我估计蘑菇刺激大脑所分泌的多巴胺到达了与快感有关的大脑区域，他现在的状态应该是边缘系统附近的三条多巴胺通路全部被激活。这三条通路里一条影响动作，一条影响情绪，还有一条调节促性腺激素的分泌，他目前这种一边抽动一边觉得很快乐的感觉完全和三条通路的功能对上号了。多巴胺通路一共有四条，除了这三条在边缘系统，还有一条在前额叶。前额叶和高级认知功能有关，这条目前还没被激活，不然的话他应该有一种来自认知的快感。”

和 Isabella 聊着聊着，我发现 Tom 停止了抽动。他突然说了一句：“不动了，天花板不动了，Witty 快把凡·高的画拿过来，让我再看看。”

我把画递了过去。

“啊，画还在动，太神奇了。你们别管我，感觉听你们说话也很有意思，你们继续说，让我再看一会儿画。”Tom 说道。

我继续给 Isabella 讲多巴胺通路：“你知道吗，这边缘系统和前额叶的两类多巴胺通路，其实有一种对抗的关系，一个高，另一个必须低。多巴胺又是产生快乐的物质，所以人的快乐总有两种类型。比如，那些每天健身和学习的人，他们不断强化前额叶的多巴胺通路，就很难享受那种无所事事和喝酒玩乐的快乐。有的人一辈子只激活了这一条通路，所以他们无法理解另一种状态，他们会觉得另一种快乐是一种堕落。而在多巴胺通路的另一极，这里的快乐很生活化，比如享受美食和放松，活在这一极的人更加随遇而安。在他们的解释里，那些活在前额叶通路里的人可能都是无法放松下来的人。所以这两类多巴胺系统一直是对立着的，很少有人能完全平衡工作和生活，既能自律，又能放松。”

“Eureka！”我和 Isabella 的聊天话音刚落，Tom 从床上突然坐起来，大叫着这个英文单词。研究创造力神经机制的我对这个单词尤为熟悉。2000 多年前，阿基米德在浴盆里突然灵光闪现解决了“王冠难题”的时候喊的就是这个词。这个词代表着灵光乍现和顿悟，也意味着突然获知了一些无人知晓的道理。

我问 Tom：“你怎么了？”

“我懂了，我全懂了！”Tom 回答。

我问：“你懂什么了？”

Tom 说：“我懂了，我知道了人生的真谛，宇宙的本质，万物之间的联系，原来一切都是有联系的。我懂了！”

“你到底懂什么了？你快给我说说。”我追问他。

Tom 说："我懂了，我懂了，我全都懂了。但是我觉得我不想跟你们说，我太自私了，你们继续聊天吧，不用管我。就在刚才，我的内心有个声音一直在和我说话，我觉得我们已经聊明白了，我不想再说了。"

听到他这么说，我转过头继续和 Isabella 聊天。没聊两句，Tom 又在床上大喊："我懂了，我懂了！"

我意识到，Tom 好像在吸引我们的注意力，于是我没有理会他，继续跟 Isabella 聊天。Tom 一看我没有搭理他，便从床上跳到地上，从地上跳到沙发上，凑了过来继续说："我懂了！你们体验过快乐的极致吗？我感觉自己体验过了，我的人生从没有如此快乐过，我感觉我的人生没有遗憾了。"

这句话一出，吓得我出了一身冷汗，我说："兄弟，你快吃点巧克力（可以用于缓解致幻蘑菇毒素产生的效果）解一解。"

Tom 说："你放心吧，我清醒着呢，我就是那么一说。但你还是给我一些巧克力吧，我觉得我基本上已经体验完了，我可以从这个状态里出来了。"

Tom 吃了两块巧克力，慢慢地冷静了下来。他又拿起了凡·高的画，说："嗯，哈哈，还在动！凡·高真是牛人。"

我说："你要不再吃两块巧克力，画可能就不动了。"

Tom 说："不，我不吃了，我现在好爽啊，我正在体验另一种快感，就是每次从刚才的状态回到清醒状态的时候，有个临界点。每回来一次，我就爽一次。我还要看着凡·高的画多去几次，然后再回来几次，每次意识跨过这个从迷幻到清醒的临界点，我就感受到无比的快乐。”

趁着 Tom 自己一个人快活，我跟 Isabella 说：“刚才我们说到两类多巴胺通路不断地撕扯，人们一般都只能处于一种状态，只有少数人能获得一种平衡的快乐，而多巴胺通路一旦平衡，快乐是无与伦比的。我非常有理由认为，Tom 正在经历的从迷幻到现实的快乐，正是这种多巴胺平衡的快乐。因为观看凡·高的画能让他产生幻觉，这个时候大脑是枕叶的初级视觉皮层在活动，而刚才这种活动，和生理快感也有联系，因为都是低级的感觉。而当 Tom 回到现实，清醒地觉察当下的时候，是前额叶被激活，血液中的氧气和葡萄糖从边缘系统和初级感觉皮层一下到达了前额叶。在这个过程中肯定会产生一瞬间的平衡，这时两类多巴胺通路的激活状态是相当平衡的，但是平衡的时间很短，所以 Tom 总想一去一回地不断体验这种感觉。

“另外，我想说的是，刚才他在床上抽搐的时候，我不是说他已经激活了边缘系统附近的三条多巴胺通路了嘛。然后，他坐在床上大喊‘我懂了’的时候，很显然是多巴胺冲到了前额叶，他能把很多事情联系起来，建立起对世界的认知和掌控感，认知这个事情与前额叶息息相关。所以也许可以推断出，当食用致幻蘑菇的时候，蘑菇的影响先波及边缘系统的多巴胺通路，影响人的情绪和感官，情绪会被放大，也会产生幻觉。但是随着时间的推进，蘑菇的影响会慢慢地遍及全脑，激活前额叶，而前额叶会把激活的全脑的信息都汇聚到一起并联系起来，他就在意识中看到了万物之间的联系，以及世界的本质和生命的意义。给你看一张图（图 6-3）。

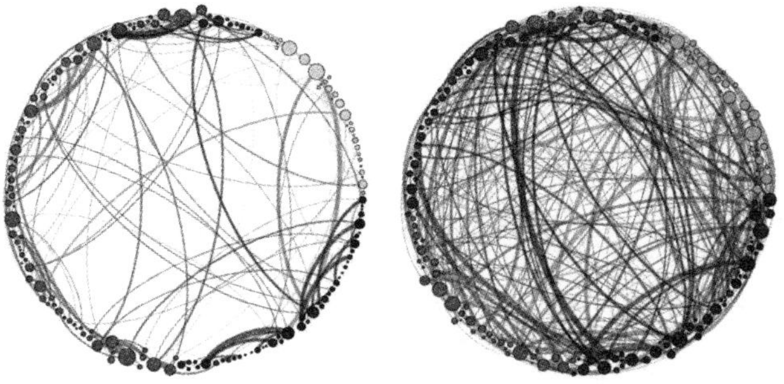

图 6–3 服用安慰剂与致幻剂后的脑功能连接

“这张图来自2014年Petri发表的一个脑成像研究，叫‘Homological Scaffolds of Brain Function Networks’。左边是使用安慰剂后脑功能连接的情况，右边是使用致幻剂之后的连接情况（Petri et al., 2014）。非常明显，致幻剂的使用从某种意义上来说，让大脑以一种在正常情况下从未有过的方式，更加全面高效地利用起来。

“也许 Tom 说不定真的洞悉了一些我们无法理解的知识或秘密呢。你有没有读过一本书叫《天才在左，疯子在右》，天才和疯子一线之隔，或许正常人的大脑真的无法看到更广泛和深刻的事实也说不定呢？”

一切过去的时候已经凌晨 2 点了，Tom 和 Isabella 在我家挤着睡了一觉。第二天早上，我问 Tom 昨天晚上说“我懂了”的时候，到底是懂了什么。

Tom 说：“我已经记不清了，但是那种感觉还在，我感觉万物都是有联系的，橘子和苹果是有联系的，橘子和桌子是有联系的，桌子和月亮是有联系的，一切都是有联系的。我觉得男人和女人的区别不那么重要了，金钱和欲望不那么重要了，甚至我自己是谁也不太重要了，我感觉我可以是任何一个人。我看透了很多事情，也放下了很多执着，最后达到了内心的平和。”紧接着 Tom 补了一句：“下次采蘑菇的时候请用点脑子，我真的是后怕，这种体验虽然独特，但是真的不想有下次了。”

（3）

2018 年，荷兰莱顿大学认知心理系元控制（Metacontrol）实验室发表了一篇题为“Exploring the Effect of Microdosing Psychedelics on Creativity in an Open-label Natural Setting”的研究，文章的作者是我师姐 Luisa Prochazkova。在这项研究中，她使用了与 Tom 相同的蘑菇品种来探究致幻蘑菇对创造力的影响。

是的，尽管误食毒蘑菇很有可能危及生命，但是在科学研究中，只要在实验条件严格控制且有专业人员参与的情况下，毒蘑菇也能成为研究大脑和意识的一种有效方式。所以我想根据已有的研究和 Tom 食用致幻蘑菇所产生的体验，以多巴胺为视角探讨一下致幻蘑菇对大脑产生的影响。

Tom 在服用致幻蘑菇之后，在后果产生的一开始就出现了幻觉。他在凡·高的画作上看到了动态画面，与之伴随的情绪变化是 Tom 一直在莫名傻笑，只要稍微有点动静他就会哈哈大笑。这可能是因为蘑菇被消化后产生的化学物质（姑且称为蘑菇液吧）首先影响了他的丘脑。

前面讲过，丘脑是大脑中的感觉中枢。除了嗅觉，所有的感觉都要先经过丘脑才能进入大脑。而丘脑位于脑干之中，脑干外面一层就是大脑的边缘系统，也就是我前面说的情绪脑，蘑菇液从这里上来直达大脑皮层的枕叶。（图 6-4）

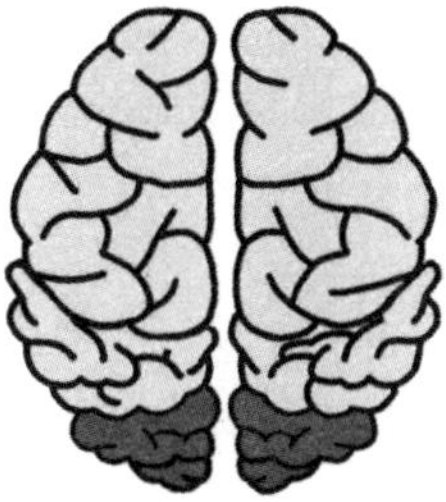

图 6-4　大脑皮层的枕叶

枕叶负责视觉信息的初级加工，而且和幻觉的出现有关（Renou, Deltour, and Samson, 2008），所以在蘑菇液的影响下，Tom 出现了幻觉。从大脑区域的位置来看，这个时候蘑菇液影响的是 Tom 大脑的后半部分。但是没过一会儿，Tom 感受到了另一种和认知有关的快乐。他一边大喊着“我懂了”，一边在头脑中把万物的关联起来，然后开始思考人生的终极意义，并体验到了顿悟的快乐。这时候可以认为，快乐从比较低级和生理的状态向比较高级和认知的状态发生了变化，而和高级认知功能有关的脑区便是前额叶。

虽然我并不知道蘑菇液到底是什么，以及它是如何在大脑中产生影响的，但是从 Tom 的体验来推断，他的快乐确实经历了这样一个从初级生理到高级认知的转变。而多巴胺又是大脑分泌出来的让人产生快乐的化学物质，从 Tom 快乐的变化中，我们可以推断出，多巴胺在人脑中的影响也是先作用于边缘系统和初级感觉脑区，再进一步到达前额叶。而本书反复在讲，多巴胺有四条通路，其中三条短的在边缘系统和基底节附近，另一条长的通往前额叶。边缘系统的多巴胺会产生更低级、更生理的快乐，前额叶的多巴胺会产生更高级、更认知的快乐。通常这两类多巴胺的激活存在一种互相撕扯和对抗的关系，人们似乎只能存在于其中一种快乐的状态之中。但是也许存在某个特殊的条件能使这两类通路同时被激活，或者说能创造出一种平衡状态，而感受到这种平衡状态的人会“特别”快乐。比如，Tom 在体验的后半程，一直在尝试着寻找一种迷幻和清醒的中间态，他说那种状态下的他是最爽的，但是好像很难一直停留在这种状态，所以他想反复经历这种状态，来不断体验极致的快乐。

这种平衡状态连接你的边缘系统和前额叶，根据我们在前面章节的描述，它很有可能在你的大脑里连接着你的“渴望和现实”或“梦幻和真实”。因为边缘系统相关的脑区存放着你的潜意识和本能，里面有你的渴望和冲动，而前额叶是在人类掌控现实的过程中进化出来的脑区。一个关注当下的人很少会把注意力放在头脑的想象当中，同理，一个被欲望冲昏了头的人往往活在自己的梦里，从而失去了对现实的掌控。只有在一些特定的情况下，我们的前额叶和边缘系统才可能达成一种平衡。

比如，当你去创造的时候，你就能把自己的渴望变成现实。与创造力脑机制有关的研究表明，当你在创造的时候，前额叶的多巴胺通路和边缘系统中的基底节多巴胺通路，就处于一种平衡状态。

当你去爱别人的时候，可能在你一见钟情的那一瞬间，你内心最深处的那个曾给你快乐的原型在现实世界中找到了对应的人。于是你内心的渴望爆发了出来，而这种渴望所形成的注意力全都集中在这个人身上，你会告诉自己这就是那个你一直想寻找的人，于是你在追求这个人的过程中把渴望变成了现实。

（4）

1954 年，马斯洛在他出版的著作《动机与人格》中提出了一个对后世影响非常广泛的理论——需要层次理论。

他认为人的需要从低到高分成不同的等级，只有满足了低级需要，人类才会出现高级需要。听起来是不是很好理解，比如有个穷人突然一夜暴富，然后他开始买车买房，吃海参鲍鱼，享受奢华人生。但是很快他就玩腻了，产生了一种空虚感。与此同时，为了和他原来的穷朋友区别开来，他要结交一些社会精英，但是精英们都觉得他没有文化，所以没有给他多少尊重。于是他开始把时间和精力投入到学习文化和艺术中去，也在孩子的教育上投入更多，他渴望在新的圈子里成为新的自己，活成自己想成为的样子并获得他人的尊重。

如果你理解了这个穷人暴富的故事，那么马斯洛的需要层次理论就非常好理解了，他提出了一个需要金字塔（图 6-5）。

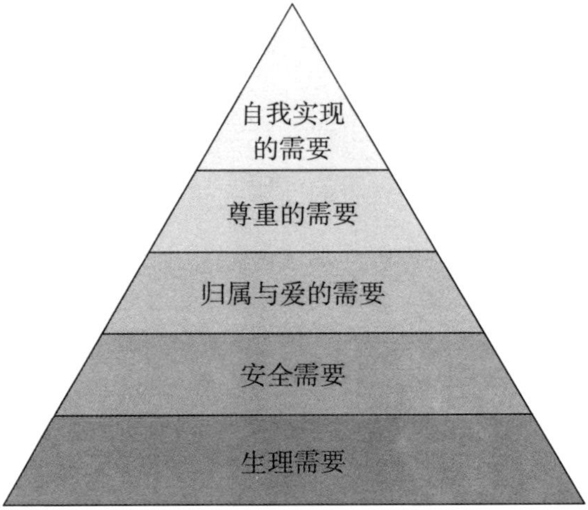

图 6–5　马斯洛的需要金字塔

在这个金字塔中，马斯洛将人类的需要从低到高依次分为：生理需要（食物、空气和水）安全需要（有车有房，平安健康）、归属与爱的需要（社会交往）、尊重的需要（他人认可与自我认可）、自我实现的需要（实现个人理想）。只有低层次的需要被满足了，高层次的需要才会出现，如果某一需要长期且持续得不到满足的话，人们的注意力就会被锁死在这个需要上，很难发展出其他需要。

如果把这些需要逐个定位到大脑中的话，我们可以发现，从低到高的需要和 Tom 食用致幻蘑菇后产生的从初级到高级的快乐是一致的。首先，生理需要和安全需要与边缘系统和脑干有关联，脑干的主要功能是维持生命、呼吸、心跳和消化，而边缘系统是情绪脑，直接反映了你内心的安定情况。其次，归属与爱的需要和右脑后部有关，前面讲过右脑与依恋和情景记忆的形成有关。当你孤独和渴望关爱的时候，你会想起你的爱人。再次，尊重的需要涉及自尊和自我评价，和前额叶有关（Yang et al., 2016）。最后，当前四个需要都被满足之后，第五个需要——自我实现的需要就会产生。

马斯洛对自我实现的需要的定义是："将自己的潜能发挥到最大，并实现个人理想。"而前文中反复强调了一件事情：如果想成为真正的自己，需要将你内心的渴望变为现实。而你的渴望和边缘系统有关，对现实的掌控感和前额叶有关。所以当你从低到高依次满足了生理、安全、归属与爱和尊重的需要后，自我实现的过程就能把你的大脑从边缘系统到前额叶连通起来，影响需要满足和快乐的多巴胺通路在自我实现的过程中达到了平衡。

而马斯洛特别提到了一件事，就是当你的自我实现之后，你会产生一种高峰体验。他解释道："高峰体验是指人们在追求自我实现的过程中，基本需要获得满足后，达到自我实现时所感受到的短暂的、豁达的、极乐的体验，这是一种趋于顶峰，超越时空、超越自我的满足与完美的体验。在达到高峰体验时，人会产生一种存在认知，这与一般的认知不同，这种体验仿佛与宇宙融合了，是人们自我肯定的时刻，是超越自我的、忘我的、无我的状态。"

听了这样的描述，你是不是想起 Tom 吃了蘑菇后达到高峰状态时的体验？因为这样的高峰体验是短暂的、极乐的、忘我的，也因为多巴胺通路的平衡是短暂的，所以 Tom 才会渴望通过清醒和迷幻的不断切换来反复体验那短暂的快乐。而这种高峰和极致的状态，还被以其他的方式描述过，比如"心流"。

20 世纪 70 年代左右，“心流”的概念由美国心理学家米哈里·契克森米哈赖提出来，其实这个词早已使用在东方佛、道教的精神实践当中。说到这里，请容我插一句嘴，这个心理学家在我们课题组被亲切地称为米哈里大爷，他和我们一样也研究创造力，写了一本特别有名的畅销书叫《创造力：心流与创新心理学》。此外，清华大学心理系彭凯平教授根据“心流”的英文发音和中国文化下的语义将“心流”翻译成了“福流”，也为此出了一本书叫《吾心可鉴：澎湃的福流》。由此可以看出，无论是过去还是现在，关注人类精神状态的学者们都很关注心流这样的状态。

米哈里认为，心流是一种将个人精神力完全投注在某个活动上的感觉。心流产生时，人们会有一种高度的兴奋感及充实感等正向情绪，并且伴随以下特征：注意力集中且关注当下；知行合一；一定程度上失去对自我意识的觉察（无我）；对于环境和正在进行的活动产生掌控感；对时间的主观感知发生了改变（感觉不到时间的流逝）；对于正在进行的事产生更多的内在动力和内在价值感（觉得自己做的事情伟大且有意义）。

心流状态是用来描述“人在从事某一具体活动的过程中产生的体验”，而且在具有创造性的活动中，人们特别能感受到这样一种体验。比如，画家在作画时将自己头脑中的想象逐渐变成现实的过程，就是一种心流的状态。米哈里认为，心流发生的前提是你已经把做这件事的很多基本技能都练习到了自动化的程度。如果你是一个作家，你已经学会了打字，也收集了很多让人印象深刻的故事，你非常清楚什么样的开头最吸引人，什么样的故事结构最让人沉浸，什么样的结尾最引人深思。然后，突然有一天，灵感一来，你打开电脑，心里想着你想要讲的故事，十指流畅地敲击着键盘，愉悦地完成了你的创作。反之，如果你连打字都不太熟练，你在盯着键盘找按键的时候，头脑里的故事便中断了。

所以心流也是说：当你做一件非常复杂的事情时，你对完成这件事的基本技能已经非常熟练并可以做到下意识操作了。在这个基础上，你就可以有意识地整合和协调这些下意识控制的基本技能，最终以非常愉悦且流畅的方式完成高度复杂的事情。这个过程也被称为创造。

2

（1）

你好，我是一个生命。你没听错，我就是一个概括性的生命，我可以小到肉眼看不见，也可以大到无边无际。你可以当我是个人，也可以当我是只草履虫，总之，我是一个生命。

李诞在《奇葩说》中说过，艺术最大的价值是永远活在人们的心中，而生命最大的价值就是活着，或者你也可以称为：生存。为了生存，我有两件事必须去做：第一件事关当下，我必须吃饭、睡觉、拉屉屉；第二件事关长远，我必须明确我不仅仅今天可以吃饭、睡觉、拉屉屉，我明天、后天和大后天也有充足的食物，可以安全地睡觉、拉屉屉。

当地球上食物充足的时候，我便理所当然地享受着第一种快乐，每天睡醒之后随便找个地方吃饭，吃完散个步，在丛林深处和爱人繁衍一下后代，然后回家睡觉。但是如你所知，地球上的生活一直都不是特别太平，最近五亿年里发生了五次生物大灭绝。就算全球变暖或冰河世纪不会来临，你也可能有一天突然发现：我怎么平白无故有了个天敌。当然不是平白无故，毕竟地球还要生态平衡。

无论是群体应对危机，还是个体应对天敌，都会让你吃不下饭。据说潜意识里把父亲当敌人的男孩和把母亲当敌人的女孩都偏瘦，因为应敌的大脑状态会抑制食欲，而当你面对父母的掌控，意志崩塌开始屈从的时候，你便距离肥胖不远了。对不起，扯远了。总之，当你将注意力从满足此刻需求转向应对生存挑战的时候，当你为了明天可以在更好的条件下吃饭、睡觉、拉屉屉的时候，你便进入了另一种状态：一种掌控环境与挑战自我的状态。

说到吃，各位都长了嘴巴。但是说到应对生存挑战，大家都进化出了不一样的技能，有的会变色，有的会喷射毒液，有的奔跑起来风驰电掣，有的尖牙利爪，还有的力大无穷。而人类则进化出了更聪明的大脑。是的，脑子是个好东西，虽然大家都拥有，但是人类从灵长类进化过来，脑容量增加了一倍，而这一倍全都长在了前额叶上。

我说了，我不是人类，我是一个具有概括性的生命，从我的视角来看，说真的，人类没啥本事，也就是心眼儿多。有了增大一倍的前额叶，他们就开始算计别的小动物，约好在空旷的草地上单挑，小动物刚奔过去不到五米就掉进陷阱里，十几个大汉立刻拿着长枪冲了上来。

不过，无论是人类的前额叶，还是剑齿虎的尖牙利爪，为了更好地生存，大家都进化出了用来掌控环境的身体结构与组织。而掌控环境本身就是一种快乐和确信感，让你知道今天、明天和后天，你都能吃饱喝足繁衍生息。而这种寻求掌控感的快乐已经被进化植入生物的大脑里，受到多巴胺的引导和驱使，成了人类和其他生物的生活必需品。特别是人，一定要追求掌控感。

你想想，你家那只吃饱喝足的肥猫，捉来老鼠也不吃，扒拉来扒拉去，享受掌控的快乐。你再想想抖音上那些自己遛自己的边牧，还有坐在沙发里打手游的你，吃饱喝足，不掌控点什么真的空虚。虽说“贫贱夫妻百事哀”，但是有钱的夫妻也不一定快乐，如果用“有的……有的……”来造句，他们有的在事业上追求掌控感，有的在对方身上追求掌控感，于是追求事业的一方觉得好烦，最终和别人在一起了。如果他们双方都在事业上追求掌控感，于是向两个方向越走越远，最终也和别人在一起了。再或者，他们都想在彼此身上找掌控感，你压我一头，我压你一头，三天两头上房揭瓦，也不见得有多快乐。但是，掌控的过程就是在寻求快乐。无论如何，“作”是人类的天性。

而“作”和“好好过日子”却是两种对立的快乐，这两种快乐从进化的本质上来说，一个是为了长远的生存（“作”是不断掌控对方的过程），另一个是着眼当下好好生活。二者的矛盾就像“延时满足”和“及时满足”的矛盾一样，不仅是定义上的矛盾，更是实质层面上的矛盾，如果一个发生，另一个就不可能发生。

所以多巴胺通路的激活，有的时候偏向“掌控世界”的前额叶，有的时候偏向“及时行乐”的边缘系统，两类通路的任意一条被激活，我们都会感到快乐。但是这两套通路又相互对抗，谁都不可能维持太久，你在外面独当一面，到了家就渴望温柔；吃饱喝足没事儿干，你就想挑事儿；白天工作压力大，回家之后你就想喝酒放纵；生活迷茫无目标，你就沉迷游戏。

你总是站在这一极，走向另一极。你也总是吃着碗里的，看着锅里的。吃着碗里的，叫“生存”，而看着锅里的，叫“计划着未来更好地生存下去”。

（2）

虽然你总是站在这一极，走向另一极，但是在走过去的过程中你会到达一个平衡点，而这个平衡点的快乐，两边都沾一点，但是又完全不一样。

想想你小时候期末考试考了全年级第一，你兴奋不已，拿着成绩单奔回家，你爸妈跟你说：“走，孩子，今天奖励你吃肯德基！”在这一刻，你拥有了至少三种快乐：第一，成为年级第一的自我掌控感；第二，来自爸妈的认可；第三，肯德基给你的满足。而这三种快乐，从大脑的联系来看，是从脑干和边缘系统出发，经过右脑，一直通到前额叶的。而从多巴胺通路来看，从边缘系统到前额叶都被激活，某种程度上也意味着多巴胺的平衡。

当然，如果你已经十几二十岁，肯德基也许不能给你带来和我们那个时代同等的快乐。随着人工智能时代的来临，在个性化与创造性教育的新体制下，未来，传统教育的形式和评分排名制度会被淘汰，你也可以想象，在这一学年结束的时候，你和团队成员顺利设计了“基于植入式电极和脑电信号分析的人类意识交流机制”。在你的推动下，从今往后没人需要张嘴说话了，整个世界都清静了。你先是感受到了成功的喜悦，然后通过量子通信的10G手机将好消息传达给你的爸妈。你爸妈说：“走，孩子，我们今晚去享受人类社会最奢华的盛宴。”这种饭局不需要你张嘴吃饭，你闭上眼睛坐好，把天灵盖按钮打开，人工智能会在你大脑里特定的位置以特定的顺序进行电刺激，完成这个过程之后，你会感觉整个人都升华了，你的一切渴望都会在这个过程中被满足，这就是新时代的艺术。

对不起，又扯远了，我们接着回来谈这个平衡点。

一种快乐叫及时满足，另一种快乐叫掌控世界，人们总是为了掌控世界做着各种各样的努力，但追求掌控的过程也是承受痛苦的过程。健身的人都知道，你只有不断地撕裂自己的肌肉才能让它变得更强壮；恋爱的人也知道，只有经历失恋的痛苦才能让一个人改头换面。面对挑战，你更关注目标，就无法放松下来去享受，这个时候，其实你一点也不快乐。但是目标一旦达成，你便获得了一种掌控感，于是你长期以来面对的危机得到了解决，你快乐且放松，开始享受生活的乐趣。在这一瞬间，你的多巴胺通路是平衡的。

但是，这样的平衡是短暂的。

在电视剧《长安十二时辰》中，靖安司老大何监指责皇帝50岁以后开始沉迷享乐，让皇上变回他25岁励精图治的样子。说那时候的皇上胸怀天下与百姓，现在的皇上眼中只有自己。且不评价何监和皇上到底谁对谁错，除非是有执念的人，普通人都要经历这样的历程。年纪轻轻，胸怀天下，心里装着远大的理想和目标，向着目标努力。在这种状态下的人，因为目标明确所以也很单纯，没有杂念。但是当目标实现了，人们突然意识到半辈子都快过去了，自己给人类留下的东西已经足够了，却没有好好地生活过。算了，不追求目标了，开始享乐吧。于是欲望和念头便开始复杂起来，人们逐渐沉迷，有一些人也因此晚节不保。有的人回顾他们短暂而又漫长的人生时便开始悔恨，回想当时的自己是多么意气风发，受人爱戴，结果年纪越大越刚愎自用，只能听进赞美的话，用了错的人，做了错的事，贪了财，好了色，最终形象崩塌。

所以，平衡不是永恒，或许只有不断设立目标，不断进行挑战，在自我实现的那一刻，才能迎来你人生中一个又一个高峰体验。

总之，生命有两种快乐，一种是关注此刻及时行乐，另一种是为了获得掌控感而自我突破，前者是及时满足，后者是延时满足。两种快乐本来是矛盾的，你在吃饭的时候就得专心吃饭，你在为了击杀猛犸象专心训练肌肉的时候便无法享受吃饭带来的快乐。虽然训练本身是痛苦的，但当你击杀了猛犸象的那一刻，你看着它倒下，你踩着它僵硬的大腿站到它柔软的肚子上的时候，你举起长矛，仰天长啸。接下来等待你的，显然是三种人生态度，而你会选择哪一种？

A. 变得自负，在自负中走向毁灭。

B. 调整心态，虽然我杀了猛犸象，但我只是个普通人。

C. 努力训练，准备击杀剑齿虎。

（3）

你好，我是小男孩俄狄浦斯的大脑。根据弗洛伊德的理论，我在四五岁的时候，就会产生俄狄浦斯情结。因为母亲的每日照料，我对她产生了依恋，随着身体的不断成长与掌控世界欲望的不断增强，突然有一天，我渴望一个人占有母亲。然而，父亲的存在成了我的威胁，于是我将对母亲的占有欲压抑到潜意识里，并不断学习父亲的样子，想成为和他一样的人。这样的欲望一直压抑着，直到青春期，我遇见了一个和母亲很像的女孩子。我虽然意识不到她们的相似，但是我知道我深深地被她吸引了。这个女孩一定有一个和我妈一样的母亲，她在渴望得到父亲的过程中，成了她母亲的样子。而我们父母的相处模式也一定很相似，父亲比较强势，母亲比较温柔，于是我成了一个强势的男孩，她成了一个温柔的女孩，我们的相遇，命中注定。

作为俄狄浦斯的大脑，我把俄狄浦斯压抑下去的占有欲和对母亲的依恋都放进了潜意识里。所谓潜意识，就是你根本意识不到的想法和欲望，虽然你意识不到，但是它时时刻刻都在影响着你的行为。它会表现在对你的注意的影响上，每次你进入一个新环境，你和谁都不太熟，但是你总会注意一些特定的人。如果你意识到了，你会给自己一个解释，可能是因为他好看、会穿、专注、忧郁、戴眼镜、爱笑。你会给自己对他的关注找很多原因和解释，但并不是每个人都会注意到你关注的这个人，因为这个人仅仅对你来说是独特的。也许你头脑里早就有了与这个人相似的形象，像前男友、像前女友、像好朋友、像爸妈。无论如何，你下意识地觉得这个人很亲切，想和这个人做朋友或谈恋爱，所以你自然地选择接近。

成年后，我们接触的人越来越复杂，头脑里存储了太多人的形象，对于社交这件事情也越来越游刃有余。因为我们了解了不同类型的人的特点，所以看谁都很亲切，交往起来就非常放松。但是把时间拉回到你刚离开父母第一次去上学的时候，你头脑里预装的形象就是家人的形象。面对性格迥异的同学们，你难免会感到陌生，但是你总会找到和你有相似家庭背景的同学，你一眼看过去就觉得他很亲切，觉得他是和你相似的人。你们交换观点，成为朋友，并且开始对和你们不同的人进行批评和攻击。

如果你是男孩，突然有一天，让你心动的人出现了，她激发了你压抑许久的渴望，但是也让你失控和不自信。你的不自信是因为你的潜意识里早已刻上了这个像你母亲的女人是属于你父亲的。你压抑这种欲望的初衷就是对父母其中一方的恐惧，也是对自己的不自信。现在这个人出现了，你明知道自己喜欢她，但是你的内心深处却感到不自信。你不知道自己为什么会有这种感觉，但是你知道自己喜欢她，在乎她，也想得到她。

从那一天起，她成了你的欲望，而得到她成了你的目标。你冲动又情绪化，像一个小孩，但是你心里清楚你不能这样，你要为她变得成熟，你要像你父亲一样才能得到她。你开始像大人一样说话和做事，就连穿衣风格也略显成熟，只为吸引她的注意，也为证明自己已经是个大人，有能力爱她了。

如果那个人刚好也喜欢你，你们都会对自己不够自信，不敢贸然行动。但是对方的一个笑容或一个眼神都会被你当作对方愿意进一步交往的信号，你们一点一点靠近，互相试探心意。直到心意明确，然后鼓足勇气向对方告白。我向你迈出一步，你向我迈出一步，两人相爱了。那一刻，两个人都感受到了有生以来无与伦比的幸福。

如果从心理和大脑的角度来分析，当你遇到真爱的时候，你会感到被吸引，也会变得不够自信。当你不自信的时候，大脑便会产生危机感，所以你不断让自己变得更好，增强自己的掌控感。其实对方也在为你做着同样的事情，你们最终拥有了彼此，然后大脑判断目标达成了。在达成目标的这一刻，你首先获得了掌控感，然后压抑许久的欲望得到了充分满足，你的渴望变成了现实。而在这个过程中，也有多巴胺的平衡。

但是和前面皇帝和原始人的故事一样，只有追求目标的过程和目标实现的时候，我们才是最快乐的，目标实现后人的状态就会发生改变。所以人们也常说，恋爱过程中最快乐的还是在一起之前的暧昧期。

非常抱歉在这里要把追求爱情和杀猛犸象混为一谈，每个人都有类似的大脑，大脑皮层的面积不大，但是这样一个小小的区域控制着很多的功能。也许在大脑自己的判断里，追求爱情和击杀猛犸象没什么不同。所以当你与一个人相爱，并和他结婚，建立家庭的时候，你也将知道，爱情最终会变为亲情，一切都会趋于平淡。而你的大脑是如此渴望新鲜感，等待你的又会是不同的选择，而你会选择哪一种？

A. 寻找新的目标，搞婚外恋。

B. 调整心态，种花、养鸟、喝茶。

C. 在压抑的欲望中走向极端与毁灭。

D. 学会创造。

（4）

如果你不想背叛家庭，也不想失去快乐的极致体验，那么 D 是一个完美的选择。因为在创造的过程中，你在将自己内心深处的渴望和幻想变成现实的那一刻，多巴胺通路又平衡了。而且在创造的过程中，从本能（边缘系统）出发，经过你的幻想（右脑情景记忆）再到达你对现实的掌控（前额叶）的历程，在大脑里走过的路径和追求真爱是一样的。创造完成的那一刻，你的梦想变成现实，你会产生一种醍醐灌顶的顿悟，身体里爆发出无尽的能量，内心快乐而且充实。

确实，完成了创造的你已经别无他求，所以你不会把注意力放在搞婚外恋上，而且你也会有充足的能量去关爱家人，家庭也会因你而变得和睦。但是，话并不绝对，因为也有一些人痴迷于创造，所以失去了对他人的关心和在意，有的人一生未娶，比如特斯拉。当然，也有的人不止结过一次婚，比如爱因斯坦和毕加索，所以用于解决婚姻危机的创造是一定尺度内的创造。

如果你不想抛妻弃子，那可以把注意力放在自己感兴趣的事情上，比如完成一幅油画，成为游戏世界里的老大，做一个美食博主，只要能把内心的渴望变成现实，都是一种创造。而创造过后精神饱满的你，也会有更多的能量去爱别人。创造不一定是改变世界的创造。

但是当你创造的时候，你和周围的世界一定会变得更加美好。

相关文献

Petri, G., Expert, P., Turkheimer, F., Carhart-Harris, R., Nutt, D., Hellyer, P.J. and Vaccarino, F. 2014. "Homological Scaffolds of Brain Functional Networks." *Journal of Royal Society Interface* 11（101）: 873.

Prochazkova, L., Lippelt, D.P., Colzato, L.S., Kuchar, M., Sjoerds, Z. and Hommel, B.2014. "Exploring the Effect of Microdosing Psychedelics on Creativity in an Open-label Natural Setting." *Psychopharmacology* 235：3401–3413.

Renou, P., Deltour, S. and Samson, Y. 2018. "Hallucinations Visuelles Complexes Après Infarctus Occipital et Perception D' illusions Visuelles." *Revue Neurologique* 164（5）: 481–485.

Yang, J., Xu, X., Chen, Y., Shi, Z. and Han, S. 2016. "Trait Self-esteem and Neural Activities Related to Self-evaluation and Social Feedback." *Scientific Reports* 6：20274.

* 食用毒蘑菇会造成内脏及神经系统损伤，严重时可危及生命，请勿轻易尝试。

第七篇

创造与人类意识

1

（1）

前六篇讲的内容，或许是这一时代下我们大多数人的前半生。我们身不由己地被生下来，出生在由父母帮我们创设好的环境中，这个环境很独特，也很稳定。或许父母也有过跌宕起伏的激情和梦想，但是当他们选择为人父母的时候，内心已经渴望安定了。从那时起，他们的事业、朋友圈子、关注的方向和领域都会稳定下来。你会在这样稳定的环境下出生，去的学校和认识的人都是基于父母给你创设的环境，有的人一生下来就可以去国际幼儿园，也有的人从没有上过幼儿园。无论如何，上国际幼儿园的孩子不会骄傲，没上过幼儿园的孩子也不会焦虑，因为自己身处在熟悉的环境中，身边的人都有相似的境遇，也都可以相互理解。我们就在这样独特的环境下，慢慢学习规则并形成稳定又独特的自我。

直到上了大学，我们进入了一个复杂的大熔炉，不同背景的人都会在这里相遇，不仅是经济条件上的不同，还有地域、文化和民族上的不同。每个人的存在都挑战着我们原有的认知边界和价值观，于是我们和那些背景相似且可以互相理解的人成为朋友，并与那些背景不同的人保持距离。朋友越多，我们的自我就越稳定，因为他们总会帮我们巩固原有的观念。可是，吸引我们的总是不同的人，当初出茅庐的我们遇见与众不同又让我们魂牵梦萦的人，我们在一瞬间就失去了自我。

失控的我们一边爱着他人一边找回自我，但不知是因为彼此太不相同还是我们太脆弱，到最后我们总会遍体鳞伤，然后把脑袋缩回坚硬的外壳里。我们躲在壳里反思自我，也许会发现其实从一开始我们就没有什么自我，所以才会在关系中不断让步。渴望找回自我的我们开始看一些歪门邪道的书，然后把一切都怪到父母身上。虽然过度干涉和批评是让我们在成长过程中失去自我的主要原因，但是父母也无法选择他们出生的时代和家庭环境。每个时代和家庭在教育上都有自己认知的局限性，当时的他们意识不到，也理解不了很多事情，但是父母一直在用他们独特的方式去爱护我们。或许你觉得爸爸不怎么关心你，但是你可能不知道，在一贫如洗的家庭里长大的他，爱你的方式就是不断努力赚钱让你衣食无忧，所以才忽略了在情感上给你温暖。我们总是渴望被父母理解，却很少尝试理解父母的童年。“父母皆祸害”的理论只是别有用心的人发明出来，在你胆怯和懦弱的时候帮你逃避责任的咒语，这样的咒语并不会帮助你理解和接纳父母，只会增加你和父母之间的矛盾。

当然，也有一些人能很好地理解父母的经历和处境，并接纳了过往经历对自己的影响，他们放过了父母也放过了自己。悦纳自己的他们将注意力放在找回自我掌控感上，通过健身塑造身体，通过阅读塑造精神，通过学外语了解世界。直到有一天，自信的他们再也不会犹豫，也不会自我质疑，便开始寻找自己的爱人。

这个世界上有几十亿人，我们并不知道自己应该爱谁，而且爱并不是光靠理性就能决策的，所以放弃思考的我们依据感受来行动。遇见一个人，如果我们感受到被吸引，便开始慢慢靠近对方。至于为什么初次见面这个人就吸引了我们，也许是因为这个人和我们父母的一方很像，也许是和前任很像，所以我们对这个人有种亲切感，所以我们便放下戒备。但是接近这个人的过程并不轻松，因为当被吸引的时候我们刚刚建立好的自我再一次被打开了个缺口，而爱一个人就是要割让自我的一部分。所以在两个人互相接近的过程中充满着试探和不确定性，直到彼此拥有的那一瞬间，快乐的极致便爆发出来，这或许是我们人生中最幸福的时刻之一。然而，人性使然，极致的快乐只能是一瞬的，然后我们大脑里的 MAO-A（单胺氧化酶 A）就会分解掉爱情产生的多巴胺，一切又慢慢趋于平淡。虽然，内啡肽制造的亲密感和依赖足以维系彼此的关系，但是有些快乐一旦经历过就还想再来一次。所以有的人会离婚和出轨。但面对这样善变的人性，也有很多夫妻能始终如一，为彼此拒绝诱惑。也许因为他们找到了共同的兴趣和爱好，共同的理想和目标，才能创造出属于自己，又属于这个家庭的一轮又一轮的快乐，而这一切的关键就在于学会创造。创造之所以能满足这一切，也许和意识与大脑的本质有关。

（2）

很久很久以前，有一群可爱的灵长类动物，它们同其他生物一起生活在这个美丽的蓝色星球上。这个星球的环境太过复杂，有火山喷发，有洪水漫灌，也有陨石撞击，各种复杂的环境变化造成了生命的进化。直到有一天，这群灵长类动物进化出了更强大的前额叶，从此他们开始思考和计划，开始用语言记录和表达，也就诞生了人类文明。

前额叶的进化对人类来说至关重要。刚出生的人类婴儿和猩猩婴儿的智力水平没什么太大的差别，但过了 3 岁半，前额叶的发育使人类的智力开始指数级腾飞，才表现出和猩猩巨大的不同。

所以人类在 3 岁半的时候到底发生了什么呢?

为了解释这件事，我们要了解一下与之相关的三个大脑结构：左前额、右脑后部和边缘系统。你照着镜子就可以找到左前额和右脑后部在脑袋上的对应位置，但是边缘系统位于大脑中心的最深处，为了方便接下来的论述，我在图 7-1 中将边缘系统提取到了大脑的外面，但它的实际位置如图 7-2 所示。前面讲过，边缘系统代表本能，右脑后部代表情景记忆和依恋关系，左前额代表自我掌控。

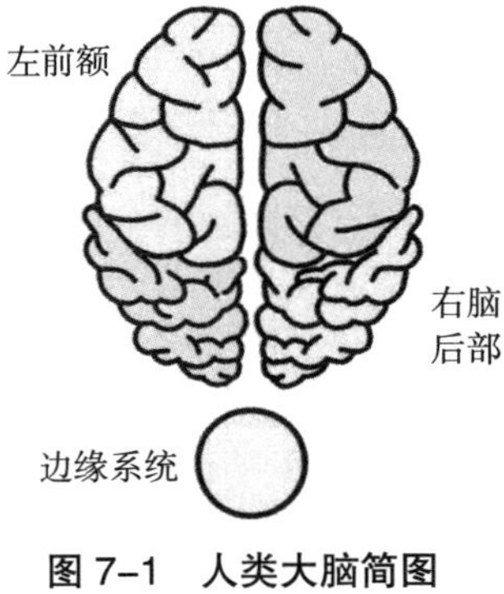

图 7-1　人类大脑简图

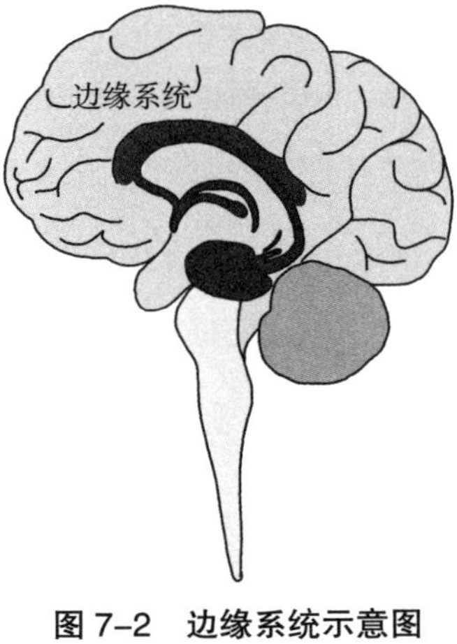

图 7-2　边缘系统示意图

3 岁半以前，确切地说是刚出生的时候，我们的前额叶可能还派不上太多用场。这时候的我们记忆里没存多少东西，对世界缺乏自我掌控感，也还没能和爸妈建立起依恋关系，这时候影响我们的是代表着本能的边缘系统。边缘系统里有下丘脑影响着我们的心跳、血压、饥饿感和睡眠，有伏隔核影响着我们的冲动和快乐，也有杏仁核影响着我们的不安和恐惧。

总之，刚出生时对世界一无所知的我们靠着本能与周围发生联系。我们敏感又脆弱，贪婪又冲动，渴望得到保护，也渴望欲望即刻被满足。与此同时，从我们睁眼看世界的那一刻起，我们就和这个世界建立起了联系。新鲜的感官信息通过边缘系统中的丘脑冲进右脑后部（图 7-3），变成我们以生动鲜活的方式理解世界的情景记忆，而这些记忆的画面里就包括能同时给我们安全感和满足感的父母。

所以 3 岁半以前的婴儿表现出非常明显的右脑优势，这一阶段的婴儿主要以自下而上的信息加工方式来感受这个世界，形成对世界的初步认识。但是在这一阶段婴儿还不能使用进化赋予人类的强大武器——前额叶。

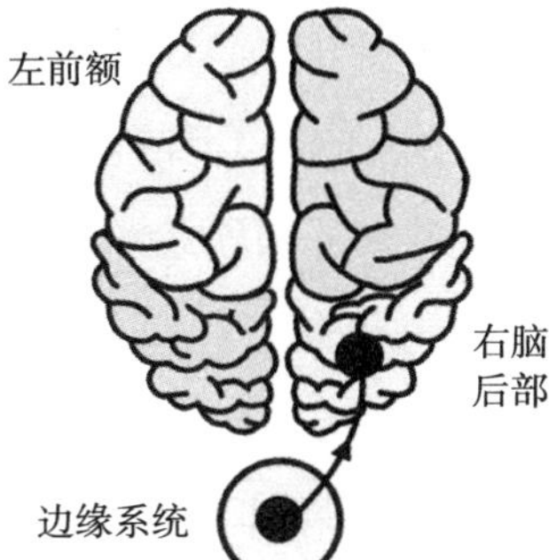

图 7-3　3 岁半以前的大脑

在我们3岁半的时候，一件奇妙的事发生了。大脑左半球前额叶的胼胝体开始向右脑后部生长，将左半球和右半球连接起来，这也让婴儿的大脑在此刻实现了生命中第一次左右脑之间的信息交换（图7-4），从而让3年半以来收集的情景记忆可以去一个新的地方，以一种全新的方式进行加工和处理。从那一刻起，婴儿超越了猩猩，走向了成为万物之灵长的道路。

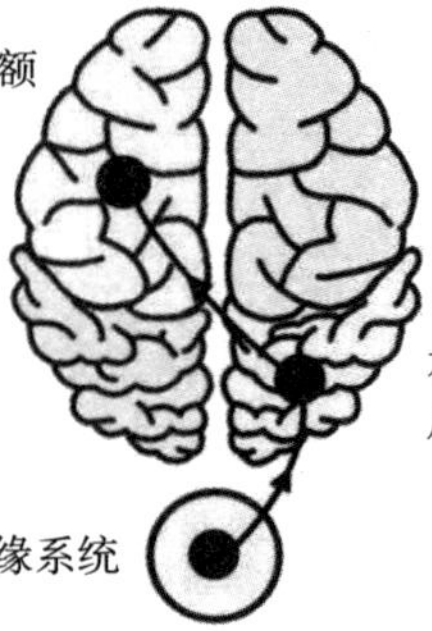

图7-4　4岁以后的大脑

从胼胝体连接左前额和右脑后部的那刻起，你3年半以来收集的情景记忆就变成了你掌控世界的知识和经验，并随着语言的学习和思维的成长变成自我的一部分。你开始用更加抽象的方式去理解世界，进行自上而下的评判和分析，并且建立自我对世界的掌控感和秩序感。在心理学家埃里克森的心理社会发展阶段理论中，他也提出2岁到4岁是儿童自主意志和独立性建立的阶段，他们所面临的问题是“我可不可以成为我自己？”。成为自己以后，儿童开始尝试着主动和这个世界发生关系，探索自己感兴趣的事物和人。

所以在建立自我的过程中，我们可以认为大脑走了一条如图7-5的路径（本能—他人—自我）：刚出生的我们来到了一个陌生的世界，我们先靠本能和下意识的反应来探索世界，然后与他人建立关系并进行模仿和学习，在充分了解环境和他人之后，我们开始建立自我掌控感。

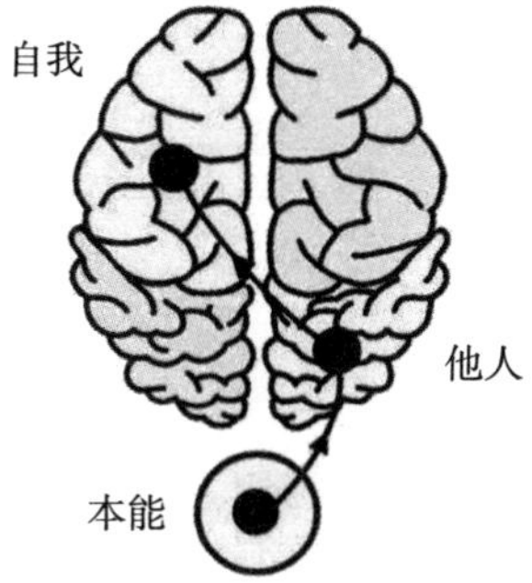

图 7–5　自我建立的路径

有趣的是，这个建立自我的过程在我们一生中会发生无数次。任何时候只要我们到一个新的环境里，无论是初入职场还是出国留学，我们都要先靠本能反应来应对，然后找到合适的人去模仿，或者找到和我们具有相似处境的朋友去分享感受。当我们获得了充分的信息与稳定的朋友圈子后，我们就拥有了掌控感并感到了内心的踏实。

自我掌控感建立之后，你就会想要换一种活法。想想你爸爸中年以后的状态，他很可能不再渴望成就一番事业，不再混迹于各种“局”，而是开始养鸟养鱼，他会经常和儿时的伙伴在一起，做自己真正感兴趣的事情。这时的大脑也许在走一条如图 7–6 的路径（自我—他人—外界环境）：一个“江湖”的老大哥，再也不用为了升职加薪而学习知识和应酬，反而有了更多的时间做自己喜欢的事情，陪自己喜欢的人。你开始享受这些年的奋斗成果，随自己的性子（自我）关注喜欢的人（他人）和喜欢的外界事物（外界环境）。但这样就非常容易任人唯亲和沉迷于物质享乐，历史上的很多皇帝和官员也都因此在晚年酿成大错。

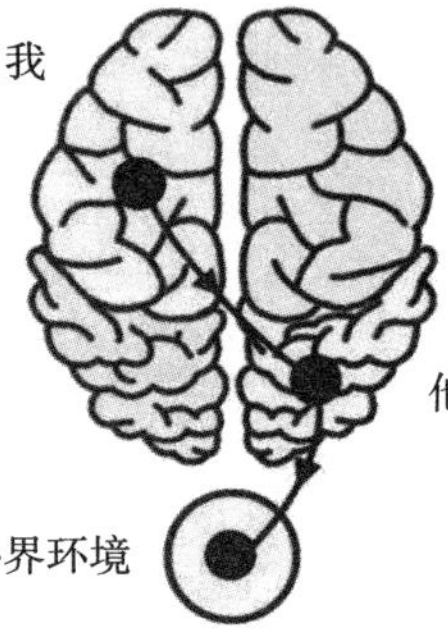

图 7–6　自我建立过后的大脑路径

话说回来，无论是安享晚年还是晚节不保，这都是“前浪”要考虑的事情，而“后浪”的内心世界仍然摇摇欲坠，还不知道自己是谁，该考虑的还是如何建立起自我对世界的掌控感。为了建立掌控感，我们就需要勇于探索外部世界，但“前浪”有时候就成了多管闲事的拦路虎。比如,2 岁的你刚刚迈出了征服世界的第一步——正在爬向大床的边缘，你不知道自己也许会摔下去，你只是单纯地享受探索的乐趣。然而，就在你快爬到床沿的时候，爸妈情绪激动地朝你一声大喊，你先是被吓了一身冷汗，然后不知所措地被强行抱回了大床的中间，且次次如此。从此之后，每当你的头脑中产生想要探索外部世界的念头时，随之而来的就是爸妈的一声怒吼和你灵魂深处的颤抖。久而久之，你很有可能长成一个唯唯诺诺且无法独自做判断的人。直到你上了大学，远离了父母，开始重新建立自己的秩序感和掌控感。

在大学这样一个新环境中重建自我的过程不仅需要大胆尝试的勇气，还需要支持你的白玫瑰。白玫瑰是理解你的胆怯和懦弱的人，白玫瑰有时在前面引领你，有时在后面鼓励你，你吮吸着白玫瑰身上的精华滋养自己，逐渐有了探索世界的知识和勇气，你成了更好的自己，而白玫瑰成就了你。被吸光精华的白玫瑰变成了一颗平淡无奇的白饭粒，而拥有了掌控感的你已经不需要任何人来认可自己，你只想要新鲜和刺激，于是你鲁莽地把带刺的红玫瑰握在了掌心，一瞬间你稚嫩的双手鲜血淋漓。（图 7-7）

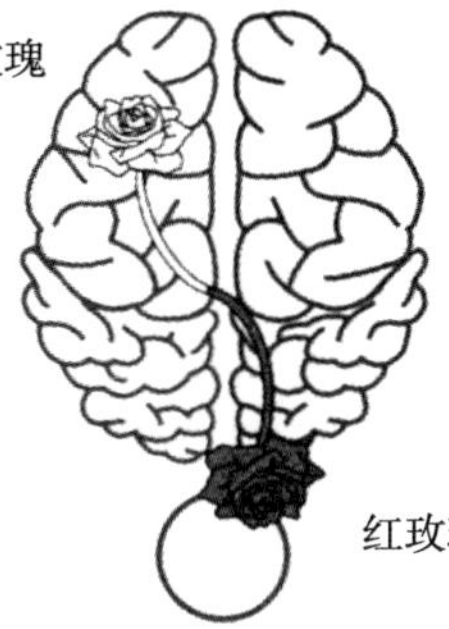

图 7–7　白玫瑰与红玫瑰

而红玫瑰的世界有自己的秩序，红玫瑰在里面所向披靡。你鲁莽地闯了进去，在白玫瑰那里刚建立好的自我和秩序分分钟碎了一地，你哭着爬出来又变回了一个摇摇欲坠的自己。于是你开始了新一轮的尝试和努力，焦虑不安地等待下一朵白玫瑰的来临……

如果这世界足够大，你的寿命又足够长，或许你将永远徘徊在一朵又一朵红玫瑰和白玫瑰之间。你会在每个新环境里失去控制，然后抓着白玫瑰的手探索世界，从学会站立到开始奔跑，跑遍大街小巷，直到你对这个世界感到厌倦。然后看到世界的边缘闪着一道红光，你甩开白玫瑰的手兴奋地跑了过去，感受到了久违的新鲜与刺激。当手刚刚触及红光的一瞬间，你才意识到此刻你的脚下已是万丈深渊，你坠入了另一个新的世界。不可否认，是获得白玫瑰的理解和支持还是在红玫瑰身上找到了新鲜和刺激，你将感受到两种完全不同的快乐，而大脑里的多巴胺系统刚好能产生这两种完全不同也很难共存的快乐。多巴胺在我们的身体中被分泌出来之后，会顺着多巴胺通路（图 7-8）去往它的两个应许之地：一条长通路去往代表自我掌控的前额叶，三条短通路去往代表本能或失控的基底节与边缘系统，这两类快乐在大脑中相互撕扯，相互对立。

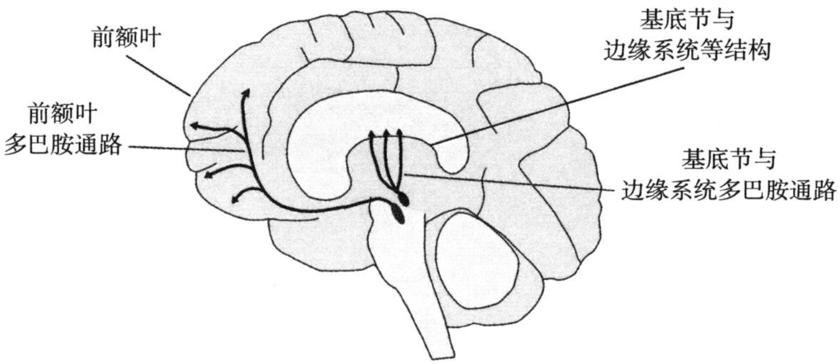

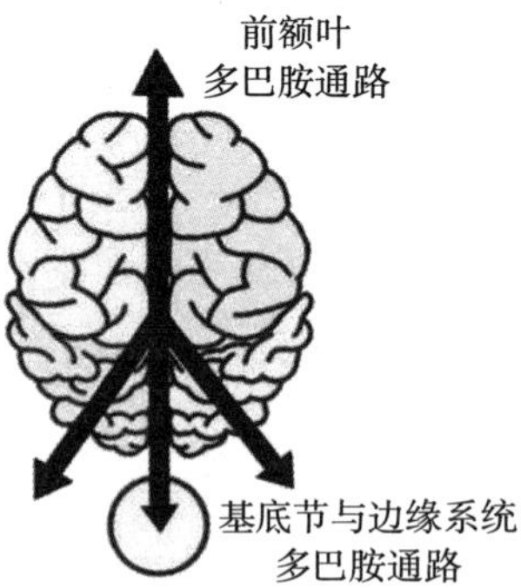

图 7–8　多巴胺通路（上图为实际位置，下图为简图）

所以在你为了快乐而活的一生中，在不同的人生阶段和境遇里，你会渴望不同的快乐。如果你人生失意或者刚刚进入一个新的环境，你将在前额叶多巴胺通路的引导下努力学习并建立与他人的关系，然后建立自我掌控感，这个过程一开始是痛苦的，但是只要你坚持下去，一定会苦尽甘来（图 7-9）。如果你人生得意，在你适应了环境，又获得了掌控感之后，边缘系统多巴胺就开始发挥作用，于是你开始享受奋斗的成果（图 7-10）。

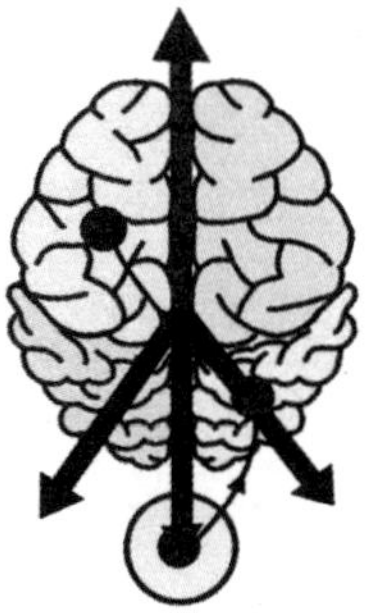

图 7-9　前额叶多巴胺通路

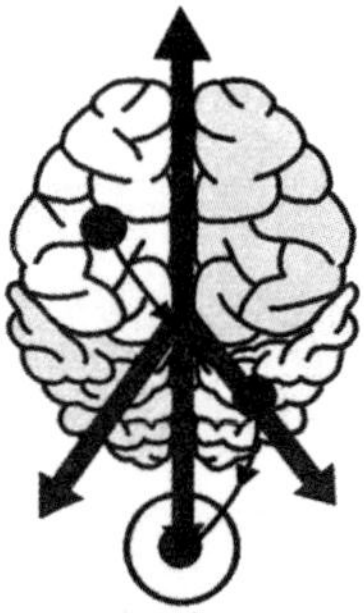

图 7-10　边缘系统多巴胺通路

因此，很多人会在建功立业的时候勇往直前，而在有所成就后寻找生活的乐趣。但也有很多人一生都没能建立起掌控感，他们逃避现实，沉迷享乐。从大脑中多巴胺通路的数量来看，只有一条艰辛地引导着你努力向前，剩下三条都会让你瞬间感到快乐无边。你是不是突然明白了为什么理性总是被本能和欲望击败，因为欲望是三匹渴望脱缰的野马，而你只是一个孤独的灵魂。

这就是人性本来的样子，灵魂和欲望，理性和感性，它们共存于我们的身体里和精神中，使我们既渴望白玫瑰，也渴望红玫瑰，总是矛盾又纠结地活着。但是大多数人不会被矛盾撕碎或走向不可挽回的极端，因为这是大脑和多巴胺的规律，它总会拉你回来，你总是站在这一极走向另一极。这就像太极生两仪，对立又统一。

2

（1）

人类在很多神话故事中都是一种被造之物，甚至整个世界也是。传说在创世之初，万物一片混沌，盘古生于其中，开天辟地。而后女娲按照自己的样子以黄土造人，就有了后来的华夏子孙。而在西方文化中，《圣经》中的耶和华用五天创造了世界，第六天按照自己的样子创造了人类。后来达尔文出生了，他的进化论让人们开始相信一切生命都是从最简单的形式进化而来的，而神创论是错误的。但是人类出现在地球上的时间太短，当人们越过人类的产生问题，而去思考宇宙是怎么产生的问题时，进化论又很难解答。

于是人类的内心开始动摇：如果这世界不是神创造的，那是如何凭空而来的呢？再后来人们提出了“大爆炸理论”来解释宇宙的产生，认为宇宙是137亿年前由一个密度极大、温度极高的状态发生爆炸才演化至今的，而且证据也非常明确，因为天空中的星星每时每刻都在加速远离我们。这个理论无疑又给人类吃了一颗定心丸，但是如果人类思考大爆炸之前的事情，一部分人的内心还是会寄希望于神学。于是撒迦利亚·西琴写了《地球编年史》，将世界各地的神话联系到一起并提出人类是由远古的外星人所创造的，无论是伏羲女娲还是埃及众神都是外星人。学术界对西琴的理论持批判的态度。人类自出现以后也在不断地进行创造，我们一边创造属于自己的人类文明，一边创造可以替代自己的人工智能。或许等技术再成熟一些，人类可以按照自己的样子创造出一种“智人”，然后在虚拟或隔绝的环境里给智人搭建一个无边无际的宇宙，让他们生活在一个孤单的蓝色星球上，繁衍生息，发展科技。而“智人”也许也会在思考“我是谁”和“这世界是哪儿来的”的问题中创造自己的文明和人工智能，并为“智人”的“智人”再度搭建一个虚拟世界。

如你所知，这世界本就是无极生太极，然后太极生两仪。我们称这个从无到有的过程为创造，而创造也是人类最重要的能力。

如果从科学和进化论的角度来看，45 亿年前产生了地球，40 亿年前地球上出现了最早的生命，再经过数十亿年的演化，生命发展成了今天的样子。在生命演化的数十亿年里，地球上的环境并不是一直稳定的，有时候全球变暖，有时候进入冰河世纪，有时候火山爆发，有时候陨石撞击。脆弱的生命并不是总能扛得住这样的天灾，只有适应环境变化的生物才有机会生存下来。而每次环境变化都会淘汰一批生物，留下一批拥有适应新环境基因的生物，这批生物在接下来的很长一段时间里都会成为地球的主宰。所以从生物进化的角度来看，基因突变所产生的可以适应环境变化的新机能就是创造。

而自从人类进化出功能强大的前额叶之后，据说人类身体的结构和功能已经几千年没有进化过了，但是为了应对环境的变化，人类发明了房屋，学会了种植，驯化了动物，将自己与残酷的自然环境隔绝起来，创造了现代社会和人类文明。从十几万年前到今天，也许基因突变赋予人类最大的一次身体改造就是改变了大脑的结构。在接下来的日子里，人类开始运用大脑主动地应对环境的变化，不断地发明和创造以让自己和后代能够更好地生存下去，而创造力的本质是应对前所未有的生存危机。

（2）

试想一下，几万年前，你浑身长满了毛，赤脚生活在危机四伏的大自然里，你找了个山洞作为栖息地。天有不测风云，突然有一日，大洪水冲进了你的山洞。你不得不从山洞里跑出来，去往高原才能躲避洪水危机，但是一起爬上来的还有其他小动物，狗熊、老虎、毒蛇和蜘蛛，当然还有盯着你怀中婴儿在上空盘旋着的老鹰。虽然躲过了洪水，但是你仍然感觉危机四伏，你完全失去了掌控感，有一瞬间甚至失去了活下去的信心。

生存还是死亡，这是个问题，但你乃万物之灵长，你的存在就是为了解决问题，所以生而为人，还是要给自己一点信心，为了生存下去，你要勇于面对问题。但这个问题毕竟是前所未有的生存危机，如果你总想用过去的经验来指导自己，比如在新的环境里找到一个新的山洞，你可能就离死不远了，因为山洞在这个广袤的高原上可能是前所未有的存在。继续按照山洞思维思考只会让你的视野越来越狭窄，你需要摒弃头脑中所有的旧观念，将注意力放在此时此刻的新环境里，以全新的方式去感受和理解。你要开放心态，无差别地从新环境里获取信息。虽然有些信息看似和你要解决的问题没有任何联系，但创造就是在看似没有联系的事物中找到联系。在这个过程里，你感官大开，外界信息从边缘系统冲进你的右脑后部，变成头脑中鲜活的画面和情景记忆（图 7-11）。

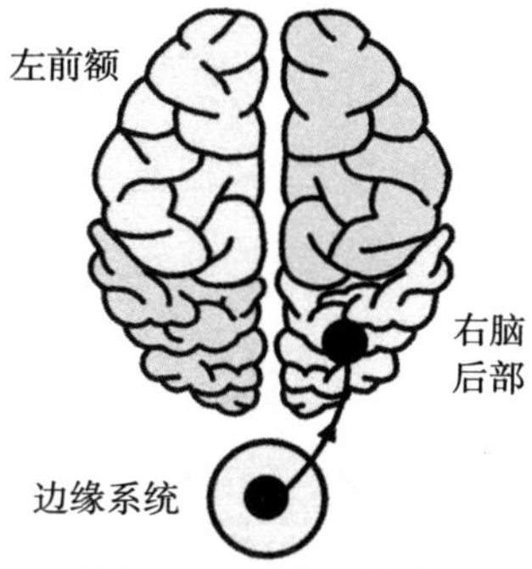

图 7-11　信息通路

你可能看见过洪水中屹立不倒的树木，触碰过清晨湿润的泥土，感受过高原上强劲的风，观察过动物们的昼伏夜出。这些新鲜的画面和经验在你发呆和做梦的时候毫无规律地在你的脑海里游荡，碰撞和组合（图 7-12）。

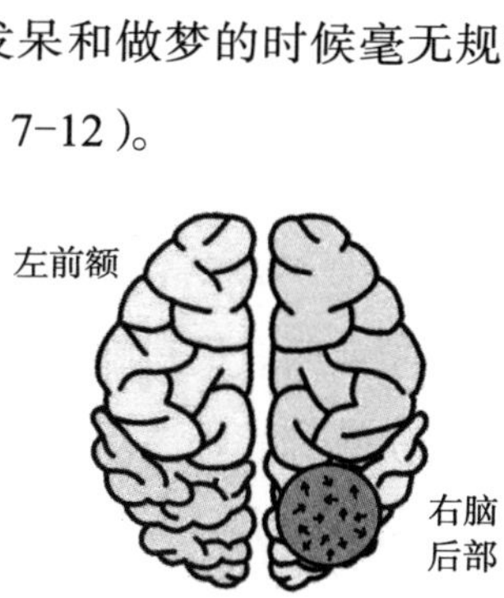

图 7-12　发呆和做梦时的大脑活动（箭头代表此时产生的无序的想法）

（Kounios et al., 2006; Runco and Yoruk, 2014）

突然有一天，你看见一只小鸟衔着一根树枝飞到树上准备筑巢。你坐在地上看着它一根一根把树枝堆砌成了住所。突然间，你眼前一亮，头脑中闪过一道灵光，意识到能解决迫切的生存危机的不是山洞，而是一个由树木搭成的巢穴。这个巢穴需要遮风挡雨，也需要防止野兽的入侵，随着巢穴的样子在你的头脑里越来越清晰，你意识到你要创造一座房子。你加油苦干，将头脑中对房子的想象变成了现实。在房屋落成的那一刻，你解决了生存危机，重新获得了对现实的掌控感。在这个过程中，外界环境通过边缘系统输入右脑中的信息，变成了你左前额解决问题并获得自我掌控感的有效方案。

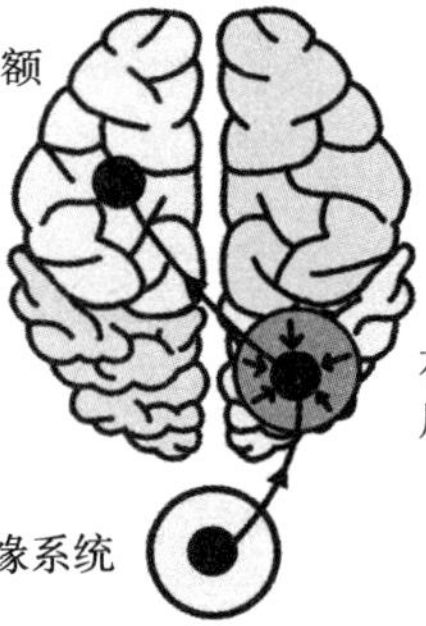

图 7–13　问题解决的时刻（右脑后部集中指向一点的箭头代表之前的想法被联系起来，并产生了解决问题的答案）（Jung–Beeman et al., 2004）

如图 7–13 所示，你的精神仿佛自外而内被打通。此刻的你也会同时产生两种快乐，一种是通过创造解决生存问题的掌控感，另一种是房子本身带来的安全感和满足感。这一刻的你感觉超越了自我，也超越了自然。喜爱做饭的人特别了解这种感受，通过创造性地搭配食材和调料，付出真心和感情的料理可以被称为创造，创造性料理的过程会使你的心灵得到升华，将你的大脑调整到一种特殊的状态，让你更能体验到食物的美好。

创造完成后，掌控感和满足感同在的状态也意味着多巴胺系统出现了少有的平衡。很多关于创造性脑机制的研究也暗示了这样一种平衡，在 2020 年我参与发表的一篇题为“Meta-control of Human Creativity”的论文也探讨了这种平衡对创造的重要作用（Zhang, Sjoerds, and Hommel, 2020）。所以，尽管多巴胺系统的特性总是让人类矛盾又纠结，但艺术家经常说创造的过程会使人感到完整。

创造性并不是艺术家和发明家独有的东西，它是每个人与生俱来的能力，是一种把内心的渴望变成现实的过程中出现的大脑状态，在生活中无处不在。虽然现代人类不需要面对那么多生与死的危机，但每个人都有自己要面对的问题。这些问题总被现代社会运作时所产生的巨大噪声掩盖并被压抑在我们不为人知的心底，于是每个人都有了太多的身不由己。而只要我们有勇气屏蔽外界的噪声，聆听内心的声音，我们就可以了解自己的渴望，并在创造的过程中把它变成现实，收获内心的平衡。

大脑内多巴胺系统的对抗与平衡，毫无保留地体现在了人性的特征和规律上。无极生太极，太极生两仪，对立又统一。而这规律的存在也使人类身上所发生的一切奇迹成了必然。

注

文中在图 7-12 和图 7-13 的创造性问题解决过程中提到了创造之前的无序想法在右脑后部的游荡和顿悟时，先前的众多想法聚合成了一个问题解决方案。在发散思维脑机制的研究（Runco and Yoruk, 2014）和顿悟准备期的研究（Kounios et al., 2006）中都发现了右脑后部，特别是颞叶和顶叶的大脑 α 波同步性（synchronization）增强。而在顿悟的那一刻，右脑后部的前颞上回（anterior superior temporal gyrus，aSTG）被激活（Jung-Beeman et al., 2004），这种右脑后部从弥漫的弱激活到聚焦的强激活的转变，与本文内容对应，而图 7-12 和图 7-13 的过程也正是从上述研究延伸出来的。这样的转变过程与大脑活动被我所在的实验室整理后发表在了 2020 年的《神经影像学》（*Neuroimage*）中（Zhang, Sjoerds, and Hommel, 2020），感兴趣的读者可以进一步阅读。

相关文献

Jung-Beeman, M., Bowden, E.M., Haberman, J., Frymiare, J.L., Arambel-Liu, S., Greenblatt, R., Reber, P.J. and Kounios, J. 2004. "Neural Activity When People Solve Verbal Problems with Insight." *PLoS Biology* 2：500–510.

Kounios, J., Frymiare, J.L., Bowden, E.M., Fleck, J.I., Subramaniam, K., Parrish, T.B. and Jung-Beeman, M. 2006. "The Prepared Mind Neural Activity Prior to Problem Presentation Predicts

Subsequent Solution by Sudden Insight." *Psychological Science* 17(10): 882–890.

Runco, M.A. and Yoruk, S. 2014. "The Neuroscience of Divergent Thinking." *Activitas Nervosa Superior* 56: 1–16.

Zhang, W., Sjoerds, Z. and Hommel, B. 2020. "Metacontrol of Human Creativity: The Neurocognitive Mechanisms of Convergent and Divergent Thinking." *NeuroImage* 210: 116572.

第八篇

奇妙的必然

1

（1）

“他太强大了。”主人公痛苦地跪在地上，余光扫视了一下自己鲜血淋漓的身体，然后将目光锁定在不远处的“坏人”身上，如是说道。

主人公和坏人已经进行了 30 多集的追逐和打斗，这期间又插播了很多历史追忆，讲述这个小镇的居民在坏人的统治下如何痛苦地生活，以及主人公是如何从小立志高远，为自己所爱的人挺身而出。奈何在绝对的实力面前，感人的故事不值一提。绝对的强者从来不需要谦虚，他们的骄傲并不来自无知，而是来自对实力的自信。

因为主人公和坏人之间的差距太大，编剧也安排了 30 多集的打斗给主人公学习和成长的机会，毕竟再强的坏人也害怕主角光环。或者说在这类题材的作品里大多数主角都曾弱小无助，有着被人忽视或嘲讽的屈辱经历，所以他们最宝贵的品质就是面对困难永不放弃，最擅长的事情就是在伤痛中成长和学习。而坏人之所以是坏人，也许是因为他们成为既得利益者太久了，周围被一群小人包围，从早到晚听到的都是好话，所以觉得自己毫无缺陷，对人们的疾苦毫不关心，把别人的痛苦当成理所当然，然后激起民愤，直到主人公出现。

主人公曾活在痛苦之中，因而在面对普通人的痛苦时更容易产生同情心，他关心也理解他人的痛苦。主人公从自己的痛苦中解脱了出来，找到了答案，构建自己存在的意义并实现了逻辑自洽，他的逻辑能说服别人，更能说服自己。于是人们在主人公的感召之下，放下手中的锄头，拿起刀枪棍棒加入了他的队伍。众人的加入，更让主人公坚信自己做的事情是正确的，所以他获得了源源不断的能量和永不言败的信心。

奈何坏人的力量还是太强大了，30 多集的打斗，主人公并没有把坏人怎么样，坏人还是身姿挺拔地站在主人公面前，嘴角上扬，得意扬扬。

“你再修炼 10 年也没法追上我的。”看着主人公跪倒在地，坏人越发骄傲了起来，站姿变得松懈和随意，“我接受的是精英教育，编辑过 DNA，请的是尼比鲁大陆最好的修仙师父，筑基稳固，招式复杂，从小打遍天下无敌手。你别以为有一堆愚民支持，就能挑战我们老祖宗这上百年来在这里奠定的秩序。”

看着坏人逐渐松懈下来开始大放厥词，主人公知道自己的机会来了。但是他也知道，如果他使出的是常规的反击招式，自己必死无疑，所以他接下来的行动一定要出其不意。主人公解开了自己的裤腰带，准备撒尿，他知道这样奇怪的行为不仅会让坏人诧异，还会让他更加松懈，而自己必胜的关键就在这尿液里。因为这些年尼比鲁大陆两极分化过于严重，主人公生活的地方是大陆的最外圈，这里的工厂污染了水源，人和动物都多多少少发生了变异。主人公获得的变异就是身体能承受强酸性的环境，而且尿液里的酸性好似强硫酸。他早就知道这个随机产生的变异早晚有一天可以救他的命。

主人公解开了裤子，坏人不禁感到诧异。坏人放声大笑："哈哈哈，果然是低贱之人，一点羞耻之心都没有。"一瞬间，主人公看到坏人眯上了眼，他知道机会来了，他开足马力将尿液向坏人射去。

"啊！"坏人闭上眼睛，用手捂住正在被腐蚀的脸颊，在尿液的腐蚀下骨头逐渐变得清晰可见。主人公拿起手上的正义之刃向坏人砍去，手起刀落，坏人奄奄一息，主人公振臂一呼，他的人民士气大振。坏人的手下丢盔卸甲，主人公黄袍加身，成了王者。

坏人弥留之际，主人公转过身来冷酷地说了一句："坏人死于话多，下辈子可千万别大意。"

（2）

上一篇我们讲，一个人在追求自我掌控的过程中，深知自身的渺小和世界的宏大，知道自己有很多潜力未被开发，于是他"向上走"，将自己的渴望变成现实，获得自我掌控感（图 8-1）。就像我们的主人公一样，出身穷苦但永不言败，努力学习且不断成长。这个"向上走"的过程也是信息输入的过程，人们求知好学，不会用自己的价值观来理所当然地对他人进行评判。

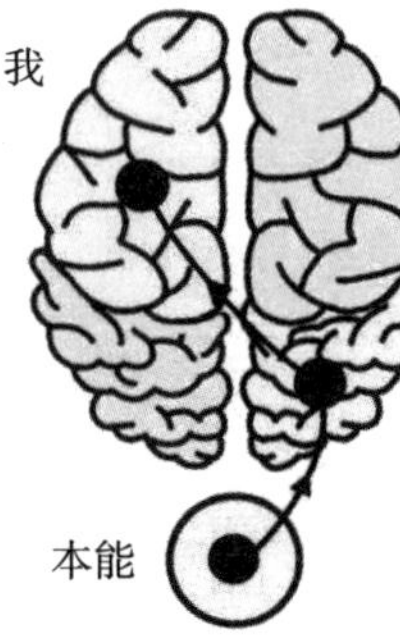

图 8–1　在追求自我掌控感的过程中“向上走”

但是当人们获得了对现实的掌控感之后，如果所处的环境很久不发生变化，长期处于食物链顶端的他们就会失去危机感，并且产生优越感。他们对世界的认知就此固化，不会再考虑外面的世界有多大，他们认为自己就是这个世界里的“王”，而既得利益阶层和所谓的坏人就此诞生。他们占据了社会上大多数的资源和财富，并且定义了社会中的秩序和好坏，但他们又是社会上的少数群体。尽管在他们定义的世界里，他们可以一直做好人，但是几代以后，他们的后代就变得不食人间烟火，不懂人间疾苦，理所当然地傲慢起来。叛逆的新生代不理解旧一代的秩序和道德，于是开始打破规则，打破上一代王者和民众缔结的契约，于是侵犯了民众的利益，民众群起而攻之。这时候，虽然少数人定义了秩序和道德，但是当这样的秩序和大多数人的利益冲突了，就算真理掌握在少数人手中，他们也会被淹没在多数人的唾沫中。更何况每每在坏人倒台前，总会出现一个新秩序的缔造者——我们的主人公。而这些坏人的先辈也可能曾打倒了上一个坏人，成了当时的领袖。但是后辈的坏人们毕竟没经历过什么苦难，对世界也没什么敬畏，身边都是阿谀奉承的小人，他们想不变成坏人都难。所以，含着金汤匙出生的他们，从生命的一开始就获得了掌控感，他们会走一条自上而下寻欢作乐的路（图 8-2）。这条路上不需要学习，不需要信息输入，他们凭借自己的偏好来进行价值输出，定义这个世界的秩序，别人的痛苦在他们的眼里是理所当然的。

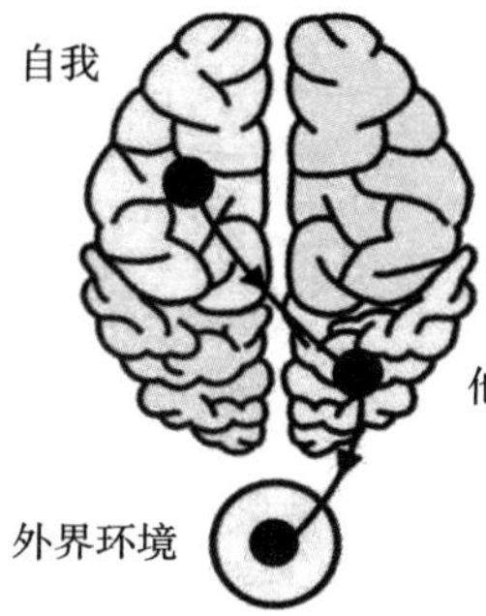

图 8-2　获得掌控感后“向下走”

当这两类人相遇并展开战斗，敌我双方都需要注意力高度集中，调用背外侧前额叶（DLPFC）来操纵意识和身体去战斗。DLPFC 是战斗过程的核心控制系统，这一脑区高度活跃的人都是“人狠话不多”的类型。然而，一旦话多就会变成“这个杀手不太冷”。应敌的状态会抑制语言表达，一旦轻敌和松懈，坏人就开始说话了。说话的过程激活了人们大脑左侧额下回（IFG）中的布洛卡区。研究表明，左半球 IFG 的激活必定意味着注意力的涣散，而且 DLPFC 和 IFG（图 8-3）是相互抑制的关系，说话势必影响战斗过程中大脑对战斗任务的执行和控制。所以一旦坏人说话，他们就失去了对当下环境的觉察和判断。在主角光环的辐射下，他们必死无疑。所以第一个奇妙的必然是“坏人总死于话多”。人们的观念里，“话多”似乎并不是一个很好的品质，因为它总是容易坏事，所以人们也常说："事成之前不可说破。"

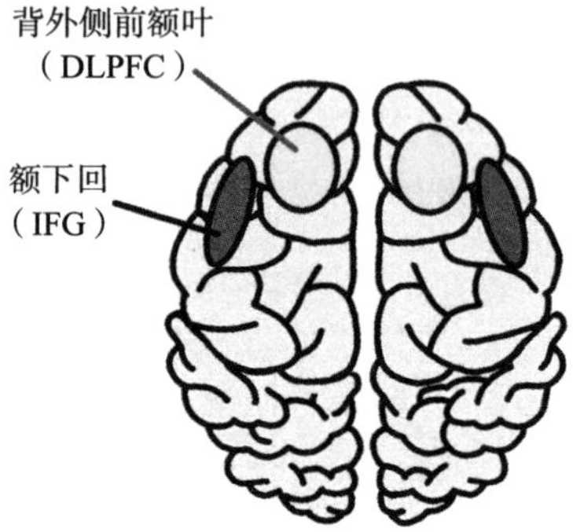

图 8–3　背外侧前额叶和额下回

2

（1）

从当初的自信满满，到现在的希望落空，他又失败了。

他悔恨，但并不是因为自己当初没有努力学习，而是因为在事成之前就将自己要做的事情和成事的信心告诉了身边每一个人。他现在的脑海里充斥着大家的脸，他害怕被大家嘲笑。这样的事情发生了不止一回，每次只要他提前将事情告诉了别人，此事必然会失败，所以他总结出了一个"事成之前不可说破"的道理。但每次类似的事情发生，他还是控制不住自己，想将一切都告诉别人。

他如此爱说话，他心里也知道，从小到大，他不过是个渴望被认可和关注的孩子。他无时无刻不想获得大家的认可，甚至在很多事情没做成之前，他就想告诉别人自己做的事情是多么有价值，以此来获得别人的认同。

大学快毕业的时候，他用了一整年的时间复习考研。在复习的每一天，他都要打卡朋友圈，文字里带着豪言壮语并将自己工整的笔记拍照上传。他认真的态度不仅打动了自己，也打动了一起考研的同学，同学们都觉得他是一个学霸，有什么问题都来请教他，他也非常无私地做起了别人的老师，将如何复习说得头头是道。

考研结果出来后，同学们都考上了研究生，只有他没考上。无奈之下，毕了业的他只能去找工作，那年刚好是 2016 年——“虚拟现实元年”，他去了一家做 VR 眼镜的创新型公司。其实他并不怎么懂虚拟现实技术，但是他觉得此时的自己正站在时代的风口浪尖，所从事的工作即将给人类的生活带来巨变。他每天回家都要和家人吹嘘自己现在从事的工作有多伟大，而家人一如既往地过滤着他话语中的水分，半信半疑。而在公司内部，为了获得认可的他不断巴结领导，对同事和下级员工的感受一点也不在意。久而久之，同事们开始厌恶他的自私和冷漠，他也意识到自己不被喜欢，但是不知道为什么大家都讨厌他。他觉得只要有一天他做了领导，就会获得大家的认可和喜欢，于是他继续巴结领导，无视同事。没过几年，虚拟现实的热度退去，公司倒闭了，同事们各奔东西，他也无法出人头地了。被公司辞退的他低着头走回了家，他知道自己即将面临的是什么，因为这些年他每次在事前吹嘘、事后失败时都见过家人那样的态度。但是这一次，大家竟然什么话也没有说，他在家人的眼中看到了怜悯。他至今都无法忘记家人脸上的表情，从那一刻起，他决定闭上嘴，把一切语言和渴望藏在心底，默默努力。

后来的他依旧失败了很多次，但是因为他学会了闭嘴，没有任何人知道他的失败，所以他再也没看到别人的嘲讽和不屑一顾。没有了他人负面的态度和消极的评价之后，他看待失败的态度也发生了变化。他突然意识到失败的过程其实也是一个试错的过程，人们在实现梦想的过程中可能要经历无数次失败，这些都是宝贵的经验，而不是耻辱。只要他能想清楚自己究竟想做什么，然后牢牢闭上嘴，虽然他还是有可能会失败很多次，但是最终当他获得成功时，就只会有鲜花和掌声。

（2）

想“说破”是因为想被认可，想被认可是因为感受不到自己的价值。只有做成“高于自己价值的事情”才会被认可，因为事情的价值高于自己当前的价值，所以难度超出了自己的能力范畴，所以“说破”的事情一般做不成。

请你细品上面的逻辑，“事成之前不可说破”是人们的潜在共识。人们对于这句话共同认可的地方在于：“说破”会面临失败后的嘲笑，所以大家都选择不说。但就算这样，在面临重要选择的时候，人们很难压抑自己想和别人分享的心情，即使你不会告诉所有人，也还是想和朋友分享。

所以很多时候，“说破”后事情会失败的情况就这么发生了。一旦事情的价值高于自我价值，我们就渴望分享给他人。如果我们什么也不说，闭上嘴默默努力，把自己的价值提高到这件事的价值之上，这件事对我们来说就又变得不值一提，所以又不想说了。这真是一件矛盾的事情啊。

也有人讲，不可说破的原因是：想要将事情做成，就要一鼓作气，一旦说多了，“气”就散了。如果用本书的理论来解释一下“气”散了这件事，也许是这样的：如果我们想做的事情可以实现自我的价值，那么它就会成为我们心底的渴望。要想将渴望变成现实，我们就要满怀激情地努力和学习，输入外界信息，然后将这些信息变成指导我们实现目标的知识和经验，最终通过自我的努力将目标实现。这是一个边缘系统输入信息，右脑后部加工信息和左前额使用信息的过程，信息流从边缘系统一路输入左前额之后，人就会感到满足。但是左前额叶有两个“发泄口”，一个是负责“动手”的 DLPFC，一个是负责“动口”的 IFG（图 8-4）。在 DLPFC 的引导下，你默默地将自己的渴望变成了现实，而在 IFG 的引导下，你变成了一个总爱吹牛的人，口头发泄之后你的大脑已经感觉非常满足，反而失去了把事情做成的动力。

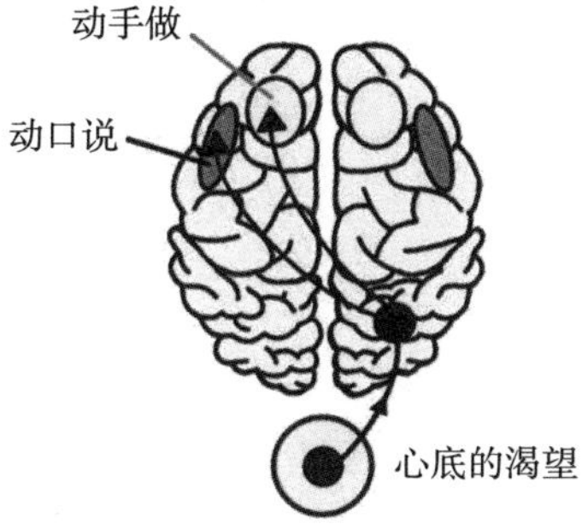

图 8-4 动手做与动口说

3

南太平洋上有一个被认为是地球上最接近天堂的岛屿，名为塔希提岛。尽管它是如此美丽，但是20世纪50年代人类学家却发现这个岛上当地人自杀率非常高。经过了一番调查，学者们发现当地人的语言里面没有“悲痛”这个概念（Levy, 1973），因而可能不知道如何处理和应对这样的情绪，所以他们只能在无意识的情况下被情绪所影响。之所以会发生这样的事情，也许是因为语言的存在定义了人类要面临的问题，当悲痛没有被语言所定义时，悲痛就成了人们潜意识里的暗流，我们意识不到它的存在，却被它影响着。当我们用语言定义了悲痛，它就成了我们要解决的问题。

2020年4月，我被困在了新冠肺炎疫情暴发后的欧洲，在这样严峻的形势下，我小心地窝在家里，一周才去一次超市。每次从超市回来之后，我就开始产生莫名的紧张和焦虑情绪，这样的情绪让我时刻关注自己的呼吸有没有问题。可是每当我过分关注呼吸时，我就开始胸闷和憋气，但如果我不关注呼吸，我就又陷入了隐隐的焦虑中。我知道这种焦虑来自一种“不知自己是否会被感染”的不确定感，如果长期生活在不确定感之中，我的身体也会出问题，一旦真的被感染，我的病情也许会格外严重。所以，为了创造一种确定感来平息我的焦虑，我告诉自己：“不要再反复关注自己的呼吸了，我已经被感染了，现在最重要的事情是创造一种愉悦的状态，不要把注意力放在自己的身体上，而是放在让自己愉悦的事情上。这样免疫系统就可以毫无负担地去对抗病毒，生死有命，活着就要快乐。”对自己说完这番话半个小时后，胸闷和憋气的感觉消失了。

语言是人类独有的生存武器，它可以将神秘未知的外部世界加以描述和记录，变成概念存入我们的意识范畴，从而增加我们对世界的确定感和掌控感。所以当“悲痛”这个概念进入塔希提人的意识范畴之后，他们就具备了思考“悲痛产生的原因及掌控方法”的前提。

你可能意识到了，如果人们生活在不同的环境中，他们理所当然地会产生对事物不同的描述方式，最后体现在语言的差异上，让生活在不同环境中的人无法顺利沟通。但就算语言相同，人们还是会因为彼此之间的各种差异争论不休。一旦这些差异被概念发明者变成了可以凝聚本地区又区别于其他地区的共识之后，人心之间就有了永恒的隔阂。从基因与环境关系的角度来看，人们如此恐惧不同也许是因为不同的基因对应着生物体对不同环境的适应和掌控，那个与自己不同的存在让生物体担忧自己的基因可能并没有完全适应和掌控环境。这种担忧会化为恐惧，恐惧会产生敌意，敌意会引发攻击，而只有消灭了对方才能说明自己的基因对环境的适应和掌控能力更强。而语言的存在本身就是人类掌控世界的方式，不同的语言代表着不同的文化基因，所以使用不同语言的人往往也会天然地感到对彼此的恐惧和敌意。

总之，语言是一把“双刃剑”，它给人类力量和勇气，但也创造了危机。它存在的背后是人类对于未知和差异的恐惧，人们一边用语言描述世界，一边将自己对世界的认识组织成故事，故事深入人心，最终成为人们存在的意义。

4

外公和外婆相差 8 岁，一个生在 20 世纪 40 年代，一个生在 50 年代，一个在新中国成立前出生，一个在新中国成立后出生。外公和外婆在很多方面都不一样，在我的记忆里，外公的书架上摆满了关于唯物主义的书，而外婆口中常说着老人们传下来的神秘故事。

人们说："'三观'不同的人是没法做朋友的。"是的，外公和外婆就是彼此的红玫瑰。我妈跟我说："自我记事起，你外公和外婆就一直在争吵，两个人现在都 80 岁了还在吵，我真担心哪天吵出事来。"我说："别担心，让他俩吵吧，生物在危机状态下的健康状况会更好。他们的大脑把彼此当敌人，矛盾的存在让彼此的自我意识更加清醒和强烈，他俩打了一辈子都没能打败对方，现在 80 岁了，前额叶萎缩，思维固化，会更坚信自己原来认为的是正确的，更不可能被对方打败。他们两人越打越精神，哪天真要是不打了，你才需要担心呢。"

外公和外婆的不同观念，也造成了我对这个世界矛盾的认知，我打小就是一个唯物主义者，我相信科学实证，致力于成为一名科学家。然而，虽然我从小没有什么害怕的事情，但唯独怕高和怕鬼。怕鬼这件事一直困扰了我 20 多年，直到 26 岁来了欧洲，我才不怕鬼了。也许因为欧洲吸血鬼和中国古代鬼的形象太不一样了，而且古代没有飞机，鬼可能没来过欧洲，所以不可能跟着我离开国土。于是我终于把恐惧留在了国内，现在只剩下恐高了。

或许我想要成为科学家的愿望也可以理解为我内心深处对于鬼存在的恐惧和否认，我企图用科学来抚平内心的不确定感，认为这个世界是物质的，物质决定意识，为此我还选择深入研究脑科学。但是有的人说："科学的上面是哲学，哲学的上面是神学。"了解了量子力学和暗物质之后，我的无神世界第一次出现了崩塌。暗物质的概念提出了存在的另一种形式，人们看不到，也摸不到，但是它影响着这个可见的世界。而量子力学强调了意识对物质的影响，在量子的世界里，在意识没有参与之前，一切都是不确定的。如果鬼是一种暗物质或暗能量，鬼的意识又能影响物质世界？不，我不能这么想，我是一个科学家，一个坚定的唯物主义者。

内心世界的第二次崩塌是在 2018 年，那年我师姐发表了致幻剂对创造力影响的论文。有一天开完会，导师说："我接下来还要去见一个巫师，今天的会就到这里吧。"当时的我听到这句话，心里充满了震惊和诧异，心想科学家为什么要和巫师见面，难道是要背弃科学，开历史倒车吗？

后来，我不断重建自己脆弱的认知。我告诉自己，我本身就是一个矛盾的人，开放和好奇构成了"我是谁"，我不能抓住一种信念不放，这样会限制我观察世界的视角。我应该把科学和信仰分开，科学是我探索世界的方法和工具，但是不能成为我的信仰，那会让我无法接受“不科学”的存在，走向自我封闭。我的观念世界里要保持自由和好奇，相信一切可能，才能发现真理，成为一个好的科学家。但是一切未经科学方法证实的存在，我都不可以用一种绝对的口吻向公众表达，这样只会让别人觉得我愚蠢和无知。

在形成了新的观念之后，我开始小心翼翼地探索着未知的世界。2020 年 2 月 19 日，新冠肺炎疫情在欧洲暴发之前，荷兰阿姆斯特丹大学一位名为米希尔·范埃尔克（Michiel van Elk）的学者在莱顿大学认知心理系汇报了自己关于“人类超自然体验”的研究（Elk and Snoek, 2020）。在比较了“有超自然体验”和“没有超自然体验”的人之后，他总结了一句话：拥有超自然体验的人的共同点是他们都能放下对自己和世界的控制感，要学会“let the control go”。

他的汇报让我一下明白了，为什么外公和外婆对世界的认知有如此大的差异。

外公的父母走得早，他记忆里还没有形成父母的样貌就已经孤身一人活在这个世界上了。外公有着乔布斯式的倔强，最渴望的是秩序和完美，最恐惧的是失控。他在亲戚家长大，寄人篱下，从小就要承担很多家务。他不想任人掌控，想要通过读书寻求掌控感，他的个人能力格外强。也因为经历过痛苦和卑微，他对境遇不佳的人格外关心，所以外公在很年轻的时候就在小城里建立起了自己的声誉。但是就像乔布斯对构建一个完美世界的执着一样，外公人生中最大的执着就是拥有自己的家庭，并为家人挺身而出。市里的领导几次提拔外公做校长和电视台台长，都被外公拒绝了。按他自己的话说，他不想做领导，也不想成为权威。但是我妈说，外公拒绝这些机会的原因是学校和电视台离家太远了，外婆在百货商店上班，中午回不了家，他怕赶不及回家给三个孩子做饭，所以才不去任职。但我知道外公不想成为领导和权威的原因是，权威的存在意味着他的自由要被别人掌控，他拒绝被掌控，也不喜欢掌控别人。他的眼里没有权威，更没有神魔，他相信普通人是可以掌控自己的命运的。

外婆的境遇跟外公大不一样，她的父母一直活到了 90 岁，是在我成年之后才离开的。外婆的父母出生在 20 世纪 20 年代，都有稳定的工作，所以外婆从小衣食无忧，快乐地长大。不像外公的注意力全在自己身上，外婆的注意力全在这个美好的外部世界上，她会注意到这世界上所有新奇和不同的事物，比如千奇百怪的植物、虫鸣鸟叫和各种美食。外婆从小顽皮，勇于打破秩序。在刚分配工作的 60 年代，单位安排她们去北京培训，培训单位的大铁门晚上是锁着的，她们出不去。因为刚入职，大多数同事都老老实实，不敢随意行事，但是外婆二话没说，鼓动了两三个同事一同翻出了铁门夜游北京。当然，外婆一回来就被领导批评了。不过批评这件事对外婆来说就是家常便饭，因为外婆的父亲没少批评外婆，在外婆的处境里批评的背后还有一层含义就是爱。所以，在外婆的内心世界，她接受权威的存在，接受被掌控，因为被掌控的背后是满满的安全感。她相信老人们口口相传的对这个世界的神秘描述和预言，并以一种非常生动鲜活的方式将它们讲给我听，成为我内心的另一种信念。

如果用外公和外婆的故事来思考信仰这件事，我觉得当一个人或是民族面临生死存亡的时候，寄希望于自己的努力，而不是寄希望于外界力量的搭救，也许才是更好的选择。

5

看完《圆桌派》第二季的《你喜欢哪位古人》，小隐跟我说："我刚看《圆桌派》，说古代哲学家是问道，可以为信仰死，今人是做学问，做完了该吃吃该喝喝。但我觉得古人不畏死很有可能是因为他们相信'死后有知'和'有来世'，而现在的我们都清楚，'死后万事空'，人生就这一回，没法重来，所以什么都没有现世的幸福重要。而且，如果现世十分短暂地结束了，或者过得不好，那死后留名也没什么意义，对你和你爱的人来说毫无意义。如果自己都毫无意义，那在这个主观的世界里还有什么意义，所以享乐主义至上。"

我说："是啊，一个人如果缺乏信仰，就会缺失目标感和意义感，你看看现在多少人得抑郁症。"

小隐说："经常听老人说，几十年前大家都吃不饱穿不暖，但也活得挺快乐的。怎么现在日子过好了，一个个都愁眉苦脸的？"

我说："你知道古印度有个著名的王子当年为啥去修行吗？我

猜，也许是因为当王子太快乐了，这种快乐让他感觉不真实又空虚。他站在了掌控环境的顶端，多巴胺往下走，边缘系统的多巴胺多得都快炸了，但是除了这些，可能人生也就没啥意思了，所以他就修行去了。人真的得信点什么东西，或者从根本上来说，得有目标感，要有能让他们专注的东西。现在咱们的日子是过好了，但是现代生活物质丰富，又赶上信息爆炸，博人眼球的商品和信息接二连三地抢夺我们的注意力，人能专注于什么东西才怪。对了小隐，你不是研究抑郁症吗，抑郁症的诊断标准是啥？”

“你等一下啊。”说着，小隐走到了书架旁，抱下来一本巨大的《精神疾病诊断与统计手册（第五版）》（DSM-5）。

我一看书那么厚就心烦地说：“你要不给我通俗地讲一下？意思意思得了，我不想听那么专业的术语。”

小隐说：“行吧，你听好了啊，我下面说的都是给你解读的通俗版，但是真的诊断起来要配合着心理医生的访谈，你可不能觉得自己看着谁符合这套标准，就说别人是抑郁症啊，你要是过度解读被别人揍了，我可不负责。”

“行了行了，我知道了，你快说吧。”

小隐继续说：“首先，患者主观感受上觉得自己心境抑郁，觉得自己很丧，对什么都不感兴趣。然后，睡觉会出现问题，要么睡不着，要么睡不醒。相应地，体重也会发生变化，有的人一下会胖好多，有的人一下会瘦好多。而且每天都会感觉疲倦乏力，不能集中注意力，也无法思考任何事情。更关键的是，他会觉得干什么都没价值，一切都没有意义，于是总想着要不要去死。就是这些了，我再说一遍，这些都是大概的描述，不是诊断标准的全部内容。偶尔有这些状态很正常，比如女生来例假的时候就会时常质疑人生，但这不是抑郁，你明白吧？”

我说：“我不明白，我没来过例假。但是你看这个诊断标准里说的，不能集中注意力，觉得一切都没有意义和价值，这就是信仰缺乏的表现啊！你还记不记得我有个多巴胺双通路理论？”

小隐说：“记得啊，怎么了？”

我神神道道地说：“你看啊，根据抑郁症的描述，没有价值感和意义感，以及不能集中注意力，这是多巴胺进不去前额叶的表现。你再看剩下的描述，疲倦乏力，体重和睡眠失控，这些生理性的症状都和边缘系统有关系，说明边缘系统里也没有多巴胺。”

小隐说：“你这不是废话吗？多巴胺是在‘中脑’里制造的，挨着边缘系统，这里面要是都没有多巴胺，前额叶肯定没有多巴胺。你的马斯洛都学到哪儿去了，高级快乐是建立在低级需要满足或部分满足的基础上的，你不记得了吗？”

被小隐这么一问，我好像突然明白了一件事情。我说：“当时马斯洛讲他的理论的时候（详见第六篇），是从下往上讲的，他说要先满足低级需要，高级需要才会出现，最高级的需要是自我实现，也就是实现自己的价值和意义。自我实现之后，就会出现高峰体验。从我的理论来解释，高峰体验里的感觉可以说是两类多巴胺通路同时被激活。但是，抑郁症的出现很有意思，从社会发展角度来看，它刚好是在人们的低级需要不断被满足的时候出现的。这个状态下，边缘系统里多巴胺爆棚，但是现在有的人找不到意义和价值感，所以信念的崩溃反而倒回来抑制了多巴胺的产生，从而让他们对低级的欲望也丧失了兴趣。如果说高峰体验这种多巴胺双通路激活的状态是快乐的极致，那么抑郁症的存在简直就是不快乐的极致，真的是一点多巴胺都没有，难怪故事里的那个印度王子离家出走去苦修了。”

可是小隐马上追问：“但是苦修应该不是答案，你记得故事里说王子是什么时候放弃极端苦修的吗？据说，有一个路过的调琴师随口说了一句‘琴弦太松音不成调，琴弦太紧音不优美’，王子才顿悟了。艰苦修行本身就是一种执着，放不下我执，就无法立地成佛。”

听了小隐的话，我好像明白了什么，但是好像又什么都没有明白。我近乎痴狂地将王子顿悟的故事和我的理论联系了起来：“你看，琴弦不能太紧，也不能太松，这就是说要平衡啊，就像印度王子先前的两种极端状态，一种是当王子时的极端享乐，边缘系统的多巴胺被激活，另一种是极端的苦修，为了突破自我，前额叶的多巴胺被激活，但是这两套系统最后要达到一种平衡状态。”

小隐又教训道：“你简直就是六经注我，怎么说什么都能扯到你的两类多巴胺通路上呢？你小心被学术界除名了。”

我调皮地笑了一下，眼神又认真起来，问小隐：“但你不觉得，从这个时代或全人类的角度来看，要想解除抑郁症，人们是不是应该有些信仰？终极一点，远大一点的那种。在这个信仰面前，个人可以渺小一些，有一些敬畏感，但不至于失控。”

小隐说：“也不用吧，和你相反，我倒是觉得现在挺好的。在这个思想解放又自由的时代里，我看到了一种‘小我’的觉醒。记不记得新冠肺炎疫情刚暴发的时候朋友圈有一张特别火的照片：医护人员在运送患者的时候，两人一起幸福地看着天边美丽的晚霞。这样的场景多让人感动呀。因为祖国的强大，现在的我们没有真正的生存危机，‘小我’所代表的个人化和人性化的种子正在发芽，每个人都可以在这个时代自由地选择存在的方式和意义。更何况全人类到底该信什么，也不是你能说了算的，如果信仰不能解除抑郁症，那就寄希望于科学吧。”

6

无论如何，请你用尽全力读完下面的话，这对后面的故事非常重要。

“多巴胺是连接神经和免疫系统的重要分子。白细胞能合成和转运多巴胺，几乎所有免疫细胞的亚群都表达多巴胺的受体，多巴胺与受体结合，通过自分泌或旁分泌的方式调节免疫细胞的活化、增殖和细胞因子分泌。大脑退行性疾病表现出免疫功能失调，可能与免疫细胞上多巴胺受体表达水平及信号传导通路的变化相关。”

这篇由黄洁和徐格致所写的名为《多巴胺与免疫反应调节的研究进展》的论文发表在了《复旦学报（医学版）》上。作为本书面向的非专业读者，对不起，让你们的大脑受折磨了，请记住下面这句话就好：“大脑中给我们带来快乐的神经递质多巴胺，也能影响我们的免疫系统和身体健康。”

但多巴胺和免疫系统之间的关系到底是怎样的，我们目前还不太清楚，大脑中分泌的多巴胺和免疫系统分泌的多巴胺并不一定是同源的。所以如果你是相关专业的读者，对不起，在所要探讨的问题关系不明确之前，我就贸然地把它与我要讲的故事强行联系起来了，希望各位把注意力放在“万物之间都是有联系的”这样一个美好的规律上，打开自己的想象，享受阅读本身带来的乐趣。如果你对这个课题确实有兴趣，也可以参考一下马特和加斯基尔在 2019 年发表在《神经免疫药理学》（*Journal of Neuroimmune Pharmacology*）上探讨多巴胺和免疫系统的综述（Matt and Gaskill, 2019），作进一步了解。

如果你清楚了多巴胺和身体健康之间是有联系的，接下来我们的故事就开始了。

“我患癌症的那些年，经常大小便失禁，活得一点尊严都没有。本来以为是不治之症了，但是因为朋友的关系，我和佛教结缘了，在我潜心念佛之后，我的癌症竟然就好了。”

2013 年，我在上海读书时，文学鉴赏课的老师请了一个信佛的老师来上课，这个老师一来就讲了上面的话，还从包里拿出一支从国外带回来的高级沉香给我们点上。他让我们闭上眼睛，跟他一起进入一种“禅”的状态。

包括我在内，大部分同学都觉得这个老师神神道道，说的话不能信。我们一边听老师讲课，一边在下面用一种质疑和嘲笑的态度反馈着。如我前面所讲，受外公的影响，我是一个坚定的唯物主义者和无神论者。“信佛治愈癌症”这件事对当时的我来说，简直就是天方夜谭，滑天下之大稽。也正因如此，我对这件奇怪的事记忆犹新。

2016年，我在北京读书，开始学心理学，也第一次接触了冥想。我发现冥想的状态和三年前那个老师想用沉香让我们进入的“禅”的状态是极为相似的。冥想本就是佛教坐禅的一种方式，但这次我是在科学框架下来认识这件事。主持这场冥想训练的人是现在北京大学心理系的研究员刘兴华老师，国内正念冥想研究的顶尖学者。怀着对科学的敬畏，我参与了一场为期8周的正念冥想训练营。

正念冥想在我看来是一个很有用的技术。现代社会的生活节奏太快，事情也太多，每个人的意识都被各种焦虑和纷扰所占据。一旦你的意识被拉进负面情绪所产生的画面深处，你就很难再出来了。所以，正念冥想会要求你把注意力放在呼吸上，感受空气进入鼻腔和肺部再被呼出的感觉。在这个过程中，你的注意力就会从那些情绪画面中被拉到当下的现实中，从而慢慢获得内心的平静。再者，正念要求你把头脑中出现的想法都当成浮云，即我们无法拒绝想法和情绪的出现，但是当它们出现的时候，我们也不要抵制它们，而是观察它们。一边关注呼吸，一边感知这些想法和情绪的存在，却又不深陷其中。练久了，你便具备了在平静的心态中观察和处理各种问题的能力。

现如今，在硅谷创业者的推动下，冥想成了一门全球化的生意，因为它真的很有用。科学研究也发现，冥想既能帮助你清醒地觉察当下，做出准确的商业决策，也能帮助你排除工作中的焦虑情绪，获得内心的宁静。甚至，它还能影响你的免疫系统和身体健康。

时间来到 2019 年，我在荷兰读书，听说了这样一件事情：在我老家有一个医生，只要听他的课，就能治好过敏性鼻炎，课程内容是让患者们一起看一个视频，然后分享感受。有趣的是，视频的内容是被治愈者讲解“参与这个课程是如何治好了我的过敏性鼻炎”的经验分享。听起来很绕，说白了这个课程就是将患者聚集到一起，给他们加油打气并且让他们相信这个病是会好的，结果病真的就好了。这样的说法对医学和心理学专业的人来说很熟悉，是的，这个医生好像在使用“安慰剂效应”来治病。

安慰剂效应也是一个普遍存在并被科学家们广泛研究的现象，它是指虽然给患者提供了无效的药物和治疗，但是让患者相信治疗是有效的，患者产生了信念之后症状便得到了缓解。而过敏性鼻炎恰巧是免疫系统对过敏原的过激反应，如果信念和冥想可以调节免疫系统的功能，那从理论上来讲，这样的方法也确实有可能治疗过敏性鼻炎。

回到本文前言中所提到的多巴胺和免疫系统的关系。多巴胺在大脑中有两类通路，其中一条通往自我掌控的前额叶。脑科学研究表明，冥想会激活前额叶，而且信念的产生和存在是个体获得自我掌控的结果，也可以被理解成多巴胺进入前额叶的结果。这样的联系启发我们，无论从经验还是理论上来讲，通过改变精神状态来影响免疫系统这件事，确有可能，而且研究这个问题的学科早在20世纪就被建立了，它就是心理神经免疫学（Segerstrom and Segerstrom, 2012）。

7

上面的故事讲的都是我们耳熟能详的道理：做人要少说话多做事和活着最好有点信仰。

几千年的人类文明，老祖宗给我们传下来一些玄妙的道理。他们也说不清为什么要这样做，但是你做了就会有好事发生。这道理的背后也许是老祖宗在那个时代用自己的智慧对“天、地、人”三者之间关系的洞察。

随着现代心理学与脑科学的发展，以及我们对人类意识之谜的逐步揭示，这些老祖宗传下来的事也许会被慢慢揭示。

而随着规律的揭示和运用，人类也会进入一个让现在的我们看起来“心情复杂”的时代。

相关文献

Elk, M. and Snoek, L. 2020. "The Relationship Between Individual Differences in Gray Matter Volume and Religiosity and Mystical Experiences: A Preregistered Voxel-based Morphometry Study." *European Journal Neuroscience* 51：850-865.

Levy, R.I. 1973. *Tahitians: Mind and Experience in the Society Islands*. Chicago: University of Chicago Press.

Matt, S.M. and Gaskill, P.J. 2019. "Where Is Dopamine and How Do Immune Cells See it?: Dopamine-Mediated Immune Cell Function in Health and Disease." *Journal of Neuroimmune Pharmacology* 15：114-164.

Segerstrom, S.C. and Segerstrom, S.（eds.）. *The Oxford Handbook of Psychoneuroimmunology*. New York：Oxford University Press.

第九篇

让人心情复杂的未来

(1)

林克那一代人，被称为“上岸的最后一批人”。从那之后，科技浪潮席卷了人类社会，社会中的穷人和富人之间不仅在财富和教育上有巨大差异，随着“基因编辑”技术的成熟，二者在先天的基因上也慢慢开始不同，甚至正在变成两个完全不同的物种。意识到这种变化，人类开始恐慌，社会开始动荡。林克正出生于动荡开始之前，并伴随着动荡成长。

林克生于 20 世纪 90 年代末，发迹于 21 世纪初，那时候和基因编辑一样前沿的还有人工智能和脑科学，那时的林克正是一个青年脑科学家。就像人类历史上每一次物质丰富之后开始关注精神世界一样，脑科学也孕育在几次伟大的科技革命之中，并在 20 世纪 70 年代被乔治·米勒和迈克尔·加扎尼加所创立。这门学科的终极目的是了解意识的本质，人们期待着一旦有一天意识之谜被破解，人类就可以复制和创造意识，从而使自己获得某种意义上的永生。但是脑科学作为一门非常年轻的科学，人们对它的探索才刚刚起步，虽然对意识和大脑的研究成果在快速积累，但是所有人都在盲人摸象，没有一个人能彻底说明白意识和大脑到底是怎样运作的。

林克是第一个看见整只大象的人，他建立了一个完整的意识模型，这个模型可以解释人类所有的意识现象，尽管它只能起到描述和解释的作用，对人类行为还不能进行精准的预测，但是这个模型的建立已经意味着林克有了“大象”的正确轮廓。接下来，只要进行大量的测量，获得足够多的数据就能建立一个更精准的预测模型并实现对人类行为完美的预测和控制。其实林克仅凭当前的模型就能获得诺贝尔奖了，但是他意识到这个模型的发表可能会给人类的命运带来巨变，让人类跟自由意志说再见。富人一定会用这个模型让穷人心甘情愿地接受自己的处境。而林克出生于一个穷人家庭，他不想看到从小和他一起长大的朋友们被技术淘汰，所以他决定不将这个模型告诉任何人，他要独自完善这个模型，然后利用它建立一个更加美好的人类社会。

为了收集大量的数据来完善意识模型，林克放弃了教授的头衔，从高校离职了，主要是因为实验室条件下收集到的数据不具备很好的生态效度，他需要实际生活中的真实数据。而 21 世纪初兴起的互联网产业为他实现目的提供了丰厚的资源，人们的聊天记录、兴趣偏好和照片录像都在互联网巨头的数据库中保存。他们甚至可以通过你呼唤智能音箱的时间推测你每日的作息，从你的超市订单中推测你的饮食结构，所有的数据都在精确地说明着“你到底是一个怎样的人”，而林克非常需要这些来自商业的行为数据。但是他知道依靠自己目前的人脉关系还没有办法和互联网大佬达成合作，更何况他还有着不可告人的秘密，所以他需要一些商业谈判的筹码。而且要实现最终目的，他需要的不仅是行为数据，还有基因数据。基因数据不仅可以作为谈判筹码，而且是完成意识模型不可或缺的一部分。因为基因和环境共同作用塑造了大脑，影响着人类在特定情境下的行为，没有基因数据就没法了解完整的大脑。而当时这个世界上做基因和行为的公司并不多，美国有“23andMe”，中国有“各色 DNA”，市场还没饱和，林克完全可以建立一家属于自己的基因服务公司，专门收集人类的基因数据。

林克像模像样地开了一家基因服务公司，任何人只要购买林克

的服务，就会得到一份性格报告和后半生指南，在已有的意识模型的指导下，林克公司提供的基因与性格报告要比这世界上所有公司的都准确，它可以通过你的基因预测你父母的性格，然后分析父母对你的影响，进而了解你会喜欢什么样的爱人，爱人来自什么样的家庭，你们两个的相爱方式和对孩子的影响，甚至还能预测你在什么年纪事业顺利，什么年纪遭遇中年危机。虽然听起来像算命，但是你的每种人生轨迹后面都标注了统计学概率，一切都是符合科学的计算。林克的基因产品很快红遍了全球，直到他收集了足够的基因数据，也成了科技巨头。之后，他将注意力放在了获取行为数据上，因此 BAT 就成了他的目标。

BAT 是当时世界上最大的互联网公司，它由互联网时代早期的三家公司合并而成，因而存储了自有互联网以来最多的、最全面的用户行为数据。因为 BAT 实力太强，就算是成了科技巨头的林克也没有能力收购它，但是因为一些特意安排的偶然，林克很早就和 BAT 董事长李腾云成了关系不错的朋友，他们经常一起喝酒吃饭。

偶然的一天，林克和李腾云一起打高尔夫球，他们偶然地聊起了人工智能的兴起。林克说："人工智能可以促进商业的关键在于它可以学习用户的行为和偏好，用户在使用了软件一段时间之后，人工智能就知道该给用户推荐什么样的产品。相比互联网早期用户漫无目的地寻找，人工智能极大地提高了用户购买产品的概率。但是当前的模式还存在一个严重的弊端，或者有待提高的短板。"

李腾云非常好奇地问："什么短板？难道现在的人工智能还不够完美？"

林克说："人工智能学习用户偏好的能力已经很强了，但是你有没有想过，如果人工智能不用学习就可以知道用户的偏好，只要验证了手机号，确定了用户身份信息，我们就直接推荐他们喜欢的产品，岂不更好？因为人工智能学习用户偏好的过程肯定会'试错'，因而造成用户流失，如果不用试错，新产品在争夺用户上就会有更强的竞争力。"

李腾云说："你说的这件事我们也想过，我们现在已经有了全社会的行为数据并构建了每个人的行为档案，每次我们推出新软件和新服务的时候，就会根据已有的数据来推测他们的偏好，这样做非常高效。但是社会总有新生人口，我们很难了解新生人口的偏好。"

林克说："一个人的行为和偏好很大程度上受到基因的影响，在不了解一个人之前，如果了解了这个人的基因，就可以很大程度上预测他的偏好。这是个不需要试错的学习过程，有了基因数据，你就能比同行的人工智能更早了解用户偏好，在新产品推出的早期对用户进行大批量精准拦截。"

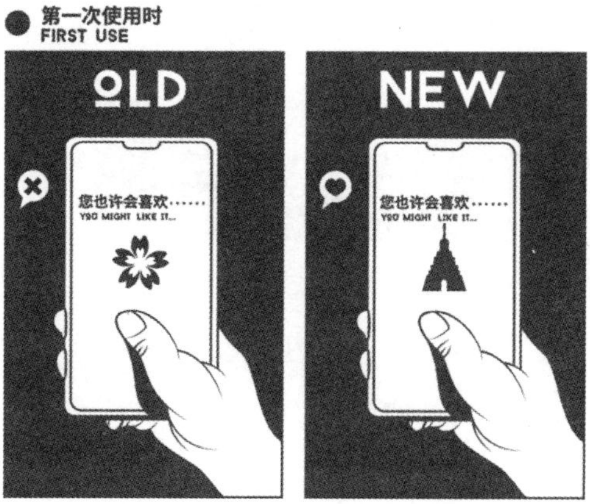

李腾云听到这里眼前一亮。林克继续说："基因数据里还透露了用户未被挖掘的需求，因为在这个快节奏的时代里，很多人失去了自我，很多人都不知道自己想要什么，他们也在摸索和尝试。但是我们比用户更清楚他们适合什么以及想要什么，基因数据就像了解未知海域的海图，使我们总能先人一步开发出新的市场。"

李腾云摸着自己的胡子，好像明白了什么。他谨慎地说："我听明白了，兄弟。你说吧，需要哥哥做点什么？"

林克说："我来帮你开发一套基于基因数据判定用户偏好的智能系统，但是我需要 BAT 的用户行为数据做一些科学研究。"

李腾云问："你需要多少行为数据？"

林克说："全部。"

李腾云回去之后思考了半个月，然后给林克打了一个电话，张口就说："干。"林克成为 BAT 的首席技术官，负责人工智能系统的更新，因此也获得了查看整个公司行为数据的权限。

经过几年的深入研究，林克将基因数据和不同环境中的行为与生理数据输入意识模型中，并不断对模型进行调整，终于对意识实现了完全解码。接下来，他就可以在电脑中对意识进行模拟并将自己的意识数据化。林克一直对意识数据化的问题非常好奇，他想知道数据化后的他到底还是不是他，以及人类意识是否可以转移到虚拟世界里获得永生。

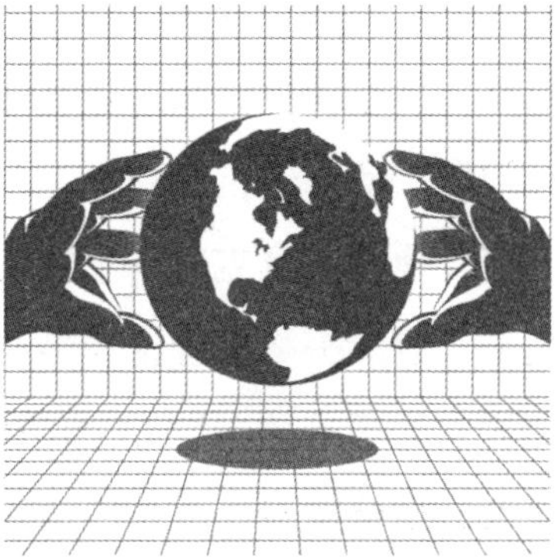

林克将意识数据化后，先用电脑模拟出了一个地球环境，然后模拟了电子林克在这个环境中的行为。电子林克不仅通过了图灵测试，而且其认知和行为与现实世界中的林克毫无差别。但新的问题产生了，林克无法确定数据化后的林克还是不是他自己，因为此刻的他并不能感受到现实中的自己也同时存在于虚拟世界中。按照林克的猜想，如果意识的载体不是电脑而是人脑，他也许可以用类似于量子纠缠的方式同时存在于两个身体中，这样他就可以通过两个身体来感知世界。

这个问题一直困扰林克到 2048 年，直到生物技术完全成熟，林克在实验室里 3D 打印了自己的全身，并将数据化的意识传输到新的身体中。然而，在意识传输完成之后，林克期待的事情并没有发生，他并没有同时存在于两个身体里。相反，被创造出来的复制林克还产生了区别于林克的自我意识，复制人在看到林克本体的一瞬间，他的自我认知就已经分化了。他知道自己是复制人，但是他也知道自己拥有着真实的记忆，有着对这个世界真实的感受和喜怒哀乐，他也想作为一个人好好活着。

这时的林克十分困惑，他着急地想用冥想的方式来连接复制人的意识，进行意识瞬移。就在林克尝试冥想之际，复制林克意识到一个非常严峻的生存问题，他知道自己对林克来说是一个实验的失败品，他有林克的记忆，他知道林克是一个完美主义者，在他过去几十年的工作中，他都会删除失败的理论模型和商业产品。而且林克是一个非常骄傲的人，他很难接受世界上存在第二个自己。复制林克也拥有同样的骄傲，他感同身受。所以他深知林克不会让他继续存在，于是趁林克还在闭眼冥想，复制林克杀死了林克，并成了唯一的林克。

新的林克虽然看起来拥有和旧林克一样的年纪和样貌，但因为他有着新合成的身体，所以也拥有全新的染色体的端粒，因此他又多出来至少 80 年的寿命，并且他已经有了 50 年的经验和智慧，在接下来的时间里，他要解决下一个关键问题。

2080年的时候，新林克用了30年时间专注地解决了染色体端粒在有丝分裂之后变短的问题，让自己获得了永生，并把这个技术藏了起来。其实原来的那个林克对于永生并没有那么执着，但是新的林克刚来到这个世界就面临了严峻的生存危机和自我质疑，所以他对于存在的渴望格外强烈。此外，他知道自己不能死，如果他死了，他所有的知识就失传了，但如果他公布技术，就可能会引发人类社会新一轮的动荡。所以他要一直活着，直到他能解决所有人类社会的问题，把这个世界变成一个快乐的天堂。而要实现这样的目的，光靠他一个人是不行的，他需要更多的权力和社会资源，甚至成为整个世界幕后的掌权者，因为这样能让他永生的秘密不被公众所知。

于是，林克更名为海拉尔。海拉尔是他家乡的地名，可以提醒他不要忘了自己是谁。海拉尔还是医学界著名的“海拉细胞”名称的一部分，也可以提醒他不要忘了自己的使命：他要像癌细胞一样将影响渗透在社会的每个领域，但是终极目的是为全人类的福祉而努力。

对一个永生的人来说，不断积累社会资源并培植势力是一件特别容易的事情。为了同时调遣社会资源和隐藏自己的身份，林克创立了一个名为时间工会的神秘组织。

（2）

小明的爸爸有一对双胞胎儿子，分别叫大明和小明。儿子们出生后，爸爸就给大明注射了生长抑制剂并把他冷冻了起来，然后给小明的大脑里植入了数量庞大的纳米电极，来记录小明从小到大产生的全部神经信号。等小明长到 15 岁，爸爸把小明也冷冻了起来。然后把婴儿大明从冰柜里抱出来解冻，再注射生长加速剂并放进培养液，让大明可以在 1 个月的时间里长到 15 岁的样子。

在大明加速长大的这一个月里，爸爸也给大明的脑子里放入电极，并让电极快速模拟小明在过去 15 年中的神经信号。在电刺激的“雕刻”下，大明的大脑接收了小明 15 年以来全部的意识。一个月过后，爸爸拔掉大明身上插的管子，将他从培养液里抱出来，清洗干净并放到小明的床上，等待大明清醒。

第二天早上，大明睁眼了。

爸爸对大明说：“早上好，小明！”

大明对爸爸说：“早上好，爸爸，我好饿。”

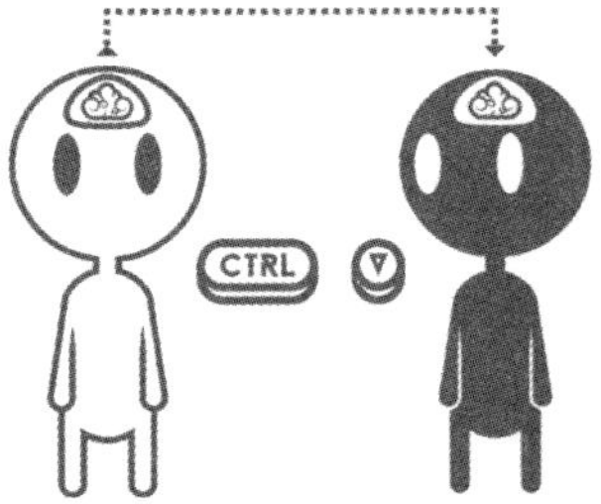

了解到小明的意识成功刻录到了大明的大脑中之后，意味着“缸中之脑”的猜想被验证了。然后，爸爸将所有实验的数据，包括小明的基因组信息和意识数据全部交给时间工会，他的使命就完成了。他因此收到了一笔丰厚的回报，然后他和两个孩子开始了新的生活。而在时间工会里，小明的数据将在海拉尔团队的手中获得更好的利用。

海拉尔创立时间工会的初衷是给人类创造一个充满快乐的天堂，但是快乐是区别于痛苦才存在的，所以工会必须先了解痛苦的本质，才能找到让众生脱离苦海的方法。而小明的意识就像海拉细胞一样，会在接下来的日子里不断被放入各种测试环境中，了解人类面对痛苦的反应。

为了更真实地模拟人类的痛苦，时间工会买了一个岛来模拟真实世界，每次的测试周期最短 7 天，最长 3 个月。除了小明，接受测试的还有这些年时间工会收集来的其他人的数据。时间工会用基因数据合成了这些人的身体，并且，在每一次测试开始之前，被测试者的基因和记忆都会根据不同的研究目的被再次编辑和调整，以研究不同的痛苦。虽然这些人在世界上只存在不到 3 个月，但是他们坚信自己已经活了几十年，也相信明天肯定会到来。殊不知，在他们睡去之后，他们大脑中的芯片就会终止他们的意识活动，并且根据下次实验的目的重新调整他们的基因和记忆，而小明就是这个“天堂实验场”的主要研究对象。

有一次，海拉尔给小明植入了一些会让小明对他人的看法极度敏感的基因，然后又让小明变得与众不同。小明很渴望被他人理解，但是大家对小明厌恶又恐惧，他无法获得任何人的支持和爱，模拟进行到第 45 天时，小明跳海而死。

研究团队又合成新的小明，调整好基因和记忆之后，再投入新的测试。而在这个所谓的天堂实验场中，小明已经以不同的方式死了一万次了。在小明的帮助下，时间工会越来越接近答案，终于，他们了解了基因和环境在什么样的组合下能建成一个充满快乐和幸福的社会。在天堂实验场的项目完成后，海拉尔也坐稳了整个世界的幕后老大的位置，他决定将这一整套改造环境和人性的方法应用到现实世界。

（3）

在天堂实验场曾经的一次模拟中，海拉尔消除了人类大脑对痛苦的感知，每个人都非常快乐地生活着，只关注积极信息，并用积极的态度解读消极和负面信息。这样的快乐只持续了很短一段时间，模拟环境里就出现了一种传染性和致死率都极强的病毒。面对病毒的出现，每个人都欣然接受，并且相信自己的免疫系统能有效地对抗病毒，于是没有人采取任何防御措施。感染了病毒的人认为生死有命，人固有一死，即使不被病毒搞死，也许有一天就会发生意外，所以没必要紧张。很快，天堂实验场中的人就全死了。

海拉尔意识到，人类是不可能脱离痛苦存在的。消极情绪的意义在于它让人类关注环境中的生存危机，而地球的环境每时每刻都在发生变化，失去对危机的感知能力，人类就离消亡不远了。没有痛苦，人就不完整，人们会在某种程度上快乐地活着，但是快乐绝对不会永恒。然而有了痛苦，海拉尔就无法创造一个快乐的天堂，所以他必须对快乐天堂中的“快乐”进行重新定义。

海拉尔想，既然人不能脱离痛苦而存在，那么可以把痛苦转化为建设性的力量。其实活在世界上的每个人都有自己的痛苦，有的人沉浸其中，也有的人能从痛苦中提取出能量，转化为创造和改变世界源源不断的动力。只知道快乐的人会走向衰落，沉浸于痛苦的人也会走向灭亡。但是一个人如果能感知痛苦，了解内心深处的渴望，再通过创造改变自身处境，痛苦就能转化为快乐。在这个过程中，人就是完整的，而且能不断应对环境中出现的变化和危机，这样的快乐更容易永恒。所以，只要每个人都具备创造性，人类就能自由和全面地发展，一边改造环境，一边成为更好的自己。

然而，人类世界的一般情况是：大部分人接受现实，少部分人改变现实。如果让每个人都具备将痛苦转化为快乐的创造力，不仅需要对社会体制和文化进行改革，也需要利用技术，对人脑进行改造。

大部分人要想从痛苦的现状中跳出来，需要认知上的觉醒和突破。但每个人都活在他人和社会对自己的定义和标签中，人们一旦认定自己是哪一类人之后，就会安心地躲在标签的后面，就算痛苦也不愿去改变。所以想让人类愿意改变，先要撕去人们心中的标签。但是，人性如此，人类的痛苦让人们寻求确定感。每个人都在寻求自我价值和确定感的过程中给自己贴上标签，也给别人贴上标签，并总认为自己的标签高人一等。

而要想撕去人们心中的标签，则需要实现真正意义上的平等。在时间工会幕后统治人类的第二百年，马克思口中物质极大丰富的时代到来了，海拉尔消灭了人类的贫富分化，每个人都接受同等的教育，对文明是什么产生了高度的共识，这直接导致了人们不会去进行相互比较。只要不比较，就没有落差，没有落差，就没有痛苦。因为平等，人们也不会给自己和他人贴标签，也没人追求权力和对他人的掌控感。人们知道世界是由时间工会管理的，但是人们很快乐，认为时间工会只是个管理机构，并不认为它高于一切。在这样的社会环境下，每个人都把注意力从他人身上转移了出来，并放到自己感兴趣的事情上。

然而，社会的变革并不意味着能完全消除人的痛苦，因为人的痛苦来源于内心和大脑，人类就是这样一个物种。地球环境的变化，也会给人造成痛苦和危机感。撕去了社会标签，只是为了让人变成一个不受社会环境影响，可以随时自我突破的个体。人们不太在乎自己是谁，只要能完成有意义和有价值的事情，他们愿意突破自我，也愿意在各个方面进行努力和尝试。

在这样的前提下，海拉尔又给人类大脑的前额叶和边缘系统植入了多巴胺合成器，并实时保证这两个位置产生的多巴胺保持在一种有利于创造的平衡态。这样的技术不会改变人的记忆和自我认知，它只是在你每次受到外界环境打击并失去掌控感时，及时给你补充适量的多巴胺，让你不会过度沉浸在痛苦里，而是马上想办法着手解决问题，积极地应对环境中发生的变化和危机。

就这样，人类发展进入了一个前所未有的时期。从此，海拉尔理想中的美丽新世界终于实现了：世界上的每一个人都经过了改造，生活在了创造性带来的快乐和平衡中。

除了海拉尔自己。

是的，海拉尔是世界上唯一没有被改造过的人，而且是永生的人。没有改造自己是因为他觉得自己一直处于一种创造的状态，他这几百年的努力就是为了创造一个美丽新世界。他始终享受着创造的快乐，创造使他永远积极饱满，他不需要在大脑中植入多巴胺合成器，也能保持前额叶和边缘系统的多巴胺平衡。

在美丽新世界落成之后，他的终极使命完成了，他可以在幕后欣赏这一切，欣赏自己完美的作品。是的，整个人类世界都是他的作品，这时的他成了一个永生的神，他认为自己高于一切，但是也热爱自己的子民。

然而人性使然，大脑中多巴胺系统的规律就是，当你追求目标的时候，你就走向平衡，目标实现后，人就开始走下坡路，纵情享乐并变成另外一个人。显然海拉尔对自己的人性太过自信，千古帝王永恒不变的经验和教训也没能引起他的反思和注意。根本没意识到自己的心态正在发生变化的海拉尔已经慢慢变成了另一个人。他每天在显示器上看着永远保持同一种状态的人类，慢慢感到厌烦。显示器隔开的不仅是海拉尔和人类世界，更是一群积极向上的普通人和一个开始产生负面情绪的“造物主”。

人性很难接受一成不变，很难接受他人与自己的不同。海拉尔的脑海中不断响起来自心底的声音，他渴望变化，渴望看到战争和矛盾，渴望人类感受他现在的痛苦。然而，这世界上的每一个人都被改造过，没有人能理解他的处境和痛苦。

“既然你们都不能理解我，你们的存在对我来说还有什么意义？”海拉尔的心中突然产生了这样一个声音。他猛然理解了当年《权力的游戏》电视剧大结局里那个被人诟病的结尾，观众质疑和抱怨为什么龙妈会屠城。他现在终于理解了那种心情：“如果不能被理解，不能被爱，那就毁灭吧，人类。”想到这里，他也意识到自己的想法有些危险，如果全人类都死了，他活着还有什么意思，不如让人类变回原来的样子吧。

可是，当这个新的想法一出现，他的内心世界就产生了一个前所未有的认知危机。如果原来那个充满战争和痛苦的人类才是最好的人类，那么他这几百年的努力又有什么意义？难道人类本来的样子就是最好的样子吗？紧接着他想到了关于人类起源的一切，不仅仅有进化论，还有各种神话故事，然后在他耳边传来了一个声音：“上帝耶和华用自己的样子创造了人类。”

想到这句话，他僵住了，他早就把自己当成上帝了，而且他正准备做的事情就是把人类变得和自己一模一样。海拉尔在经历了几

百年的创世和造人之后，对于进化论已经有些动摇了。他心想：“我为什么这么执着地想让人类和我一样，是因为上帝都会想让子民跟自己一样吗？那在我们这个宇宙的上面，是不是也存在着一个和我一样，正吃着薯片，看着显示器里痛苦的人类，并偷偷发笑的上帝呢？”

想到这里，一阵寒意从海拉尔的背后涌上来：“如果我的一切行为都是被设计出来的，那我还能自主决定什么呢？我活的这几百年到底真实存在吗？我是不是只活在了今天？未来是不是都是虚幻？”海拉尔的内心世界冲突不断，怎么想都觉得自己像是被设计出来的，觉得自己的所有行为都是被决定的。在淹没式恐慌的驱动下，海拉尔认为，如果什么都是被决定好的，那么现在只有一件事是可以被他自己决定的：“我要毁了这个被决定的世界！”

海拉尔在系统里输入了一行代码，按下确认键，几万朵蘑菇云腾空而起。顷刻间，地球和人类永远消失了。

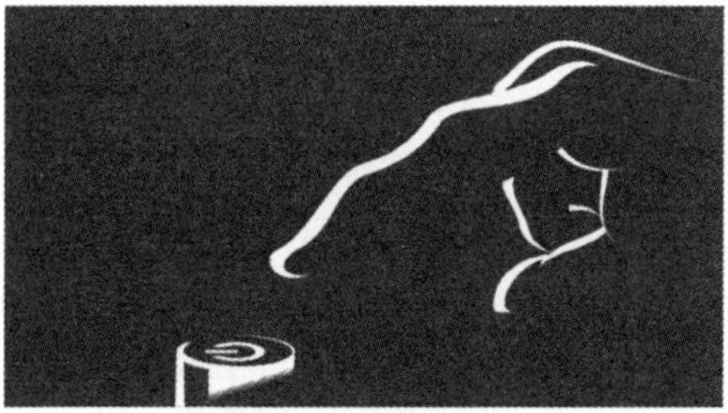

地球消失的下一刻，高维世界的显示器中出现了如下文字：

报错：小明死亡；地球消失。

原因：小明第 7 次转世海拉尔因质疑自由意志是否存在而毁灭了地球。

自动执行：导入第 8 版模拟地球的数据，导入第 8 版小明基因与意识数据，重新调整变量与参数。

开始模拟……

第九篇插图作者：Bayjih（ZCOOL 站酷 ID）

终篇　由来

恭喜你读到了这里，本书主要的内容在上一篇就结束了，如果你已经找到了自己想要的答案，那就可以把书放回书架中了。希望本书帮助你解决了当前的疑惑。另外，这本书里还藏着一些秘密，也许你还没有意识到，但未来有一天当这个秘密突然出现在你意识里之时，我还会在这里等你。

终篇的主要目的是给书中提到的理论一个解释。如我在序中所说，心理学是一个充满矛盾和争端的学科，不光是科学与否的矛盾，还有心理学家之间不同人性观的矛盾。这是我出版的第一本书，我深知里面的内容和理论还有很多不完善之处。关于多巴胺平衡的说法，科学界目前还没有正式的论述，本书的理论大多是我在研究过程中产生的联想。而这个给我如此多联想的研究已经以“Meta-Control of Human Creativity”为题发表在《神经影像学》上，有些或许是过度联想，但是大体上看起来很有道理。然而，看起来有道理并不等同于科学，所以在这最后一篇中，我想讲述一下多巴胺平衡理论的由来。

接下来是一个关于科学研究过程中对概念展开联想的故事，也许会非常枯燥。如果你在读完上一篇之后已经感到满意，那就可以到此为止了，别让最后的枯燥影响了你对这本书的印象。但是如果你读至此处，内心满是疑惑，充满了对多巴胺平衡这个观点科学性的质疑，就请你继续往下读——一个关于发现的故事。

我会尽量将故事写得通俗易懂，让非专业的读者也能看懂，但是也请你明白，文中无法避免地会提到很多新的概念。理解概念和它们之间关系的过程会十分消耗精力，这也是本书最不愿意带给读者的感受，但也是一件不得不做的事。

请你慎重进行如下的选择：

A. 合上此书。

B. 把书放回书架上。

C. 翻开下一页。

D. 到此为止。

从小到大参加过无数次考试的我们都明白，当我们对答案和选项不太明确的时候,C 就是一个看似稳妥的选择。我为做出这样“理智”选择的你感到骄傲，接下来就请听我讲一讲多巴胺平衡这个观点的由来。

自 2015 年起，我开始跟着硕士生导师研究创造性的脑机制，对创造性的认识经历了一个从无到有的过程。第一次认识到自己对创造性一无所知，是因为上课的时候老师问了大家一个问题：你童年的时候有没有做过哪些自认为有创造性的事情。课题组的同学们一时间哑口无言。我才意识到，在我们这批 90 后的童年里，似乎没有接受过创造性教育，评价一个人的标准永远是学习好，而不是有创造性。可是现在，创新驱动发展已经成了国家战略，创新人才的培养也成了重大战略目标。每个新生代都以不同的方式接受创造性教育，从早教的脑开发到后来的 STEAM 教育。在人工智能的带动下，创造力已经成为人类能否适应未来社会的关键能力。

我对创造性的认识最早是从发散思维开始的（Runco, 2010）。人们认为发散思维和自由联想的能力是一个人具有创造力的表现，因为创新的过程常常需要将看似毫无关联的事物联系起来，并产生一个全新的想法去解决问题。所以，注意力过度集中的人是不可能具有创造力的，这意味着他的思维无法从当前的思考中跳跃出来，因而“走神”就成了思维跳跃的关键能力（Baird et al., 2012）。卓越的创造者通常在上学时期会表现出不够优秀的学业成绩，这是因为他们心中所想的事情与学业无关，所以当他们过了 18 岁，具有了自主权去实践自己的想法时，便很有可能选择从大学辍学。而说起“走神”这个创造力的关键特征，我在2020年初看到一个惊人的新闻，一所小学给学生们戴上了检测脑电波的发带来实时监控他们在上课时是否可以集中注意力，学生如果不能集中注意力，系统就会向老师发出警报。对于这种情况学者们表示非常担忧，因为一个正常人40%以上的时间都是处在走神的状态，走神本身是一种有效的生存机制。因为在遇到狐狸时，东张西望的兔子比专心吃草的兔子更容易获得逃跑的机会。而在人类身上，走神也是人们把很多事情突然联系到一起的契机，伟大的创造往往都是在不经意间进入人们脑海的，这也被人们称为“顿悟”。

但是只会发散思维和走神，一个人也终将一事无成。因为从常识来讲，努力和专注才是成事的关键。这也是创造力的第二个特征，被称为聚合思维（Guilford, 1967），它是把不同想法聚合成一个答案去解决问题的思维，里面包含朝着一个目标持续努力的含义。发散思维和走神的时候，我们想的都是自己感兴趣的事情，但是我们必须脚踏实地地专注和努力，才能把头脑中的想法变成现实。所以在创造性中，发散思维和聚合思维同样重要，这两种特征在创造的过程中缺一不可。

而我博士的研究方向是“发散思维与聚合思维的神经机制”，这是我的博士生导师研究方向下的一个附属课题，作为支持他理论的重要证据。他的研究方向是认知控制，通常来说就是，如果你想做成一件事，你必须控制你的精力和注意力都集中在这件事上，它有点像聚合思维，象征着努力和专注。但是我导师提出了一个元控制的概念（Hommel, 2015），就是说，你若想成事还需要具备认知灵活性。认知灵活性意味着你能随时从当前的努力中跳出来，去到其他的方向，这有点像发散思维。元控制的意思就是在你做一件事的不同阶段，你需要在努力专注和认知灵活之间找到一种平衡。比如，在寻找目标的阶段你需要非常灵活，明确了目标又需要非常专注，但在实现目标的过程中，如果发现此路不通，你又需要非常灵活地选择其他的方法。这两种状态需要一直处于一种动态平衡之中，你才能更好地完成一件事，特别是需要创造性的事。我们目前认为影响这种平衡状态的主要神经递质是多巴胺（Boot et al., 2017; Hommel, 2015），尽管还有去甲肾上腺素和血清素等神经递质仍需要研究和讨论，但目前阶段我们锁定了前额叶和基底节两类多巴胺通路，并认为它们是影响元控制状态的关键因素。

所以从上面的叙述中你可以看出一些端倪，创造性（发散思维 VS 聚合思维）和元控制（认知灵活性 VS 努力专注）具有某种联系，它们都描述了两种截然不同的状态且具有对抗性，以及人类需要在这两种状态中保持平衡。在我的导师 2015 年论述元控制的论文中，他用了中国古典哲学中阴阳的概念为标题来理解这种对抗和平衡的状态。顺着阴阳的哲学去思索，其实人类内心世界的很多现象都与阴阳有关，包括即时满足和延时满足，红玫瑰和白玫瑰。特别是在大脑中有两个重要的脑网络也存在这样的关系（Shi et al., 2018; Stern et al., 2012），一个叫执行控制网络，是在你努力学习时启动的脑网络，另一个叫默认模式网络，是在你走神时启动的脑网络。它们互相对抗，互相撕扯，但最好的状态是你能在两种状态中保持平衡，而且似乎人们也在不断地找寻着这种平衡。

多巴胺目前被认为是影响这种平衡的主要因素，也许是它有明确且有限的多巴胺通路，而且通路投射到皮层的脑区刚好与我们所研究的现象有关。多巴胺通路非常明确地投射到了前额叶以及基底节与边缘系统两个主要区域。本书将基底节和边缘系统的概念进行了模糊处理，主要是为了节省读者的注意力，以及二者在所探讨的问题上相对于前额叶具有更相似的功能。此外，边缘系统包含一部分基底节，所以大都用边缘系统代之。此外，影响认知活动的神经递质还有血清素和去甲肾上腺素等，它们对这种平衡的影响目前还不甚明确，所以没有放进来探讨。

之所以从多巴胺系统的平衡引申出本书的内容，是因为当时我正在看哲学家周国平写的《灵魂只能独行》，里面谈了很多灵魂和肉体的关系。而且我在做研究时关注的大脑区域里，灵魂中那种自我和自律的含义刚好和前额叶能对应上，而肉体中那种欲望和冲动的部分刚好和边缘系统的功能能对应上。如你所知，灵魂和肉体渴望两种截然相反的快乐，多巴胺又和快乐有关。我发现多巴胺通路刚好一条插进象征灵魂的前额叶，三条插进象征肉体的基底节和边缘系统，而多巴胺系统恰好也存在灵魂和肉体一样的平衡和冲突。这样的冲突紧接着让我想到了张爱玲的《红玫瑰与白玫瑰》，于是这本书就这样开始了。

我深知这本书从科学的角度来看还有很多不足，而且本书中的视角也受限于本人有限的人生经历和研究方向，所以必定有其局限性。希望读者和同行们多多批评指教，我目前还是一个处在学习和成长阶段的青年研究人员，希望随着知识的积累和阅历的增长，日后能给大家带来更成熟的作品。

相关文献

Baird, B., Smallwood, J., Mrazek, M.D., Kam, J.W.Y., Franklin, M.S. and Schooler, J.W. 2012. "Inspired by Distraction: Mind Wandering Facilitates Creative Incubation." *Psychological Science* 23：1117–1122.

Boot, N., Baas, M., van Gaal, S., Cools, R. and De Dreu, C.K.W. 2017. "Creative Cognition and Dopaminergic Modulation of Fronto-striatal Networks: Integrative Review and Research Agenda." *Neuroscience Biobehavioral Reviews* 78：13–23.

Guilford, J.P. 1967. *The Nature of Human Intelligence.* New York：McGraw-Hill.

Hommel, B. 2015. "Between Persistence and Flexibility: The Yin and Yang of Action Control." *Advances in Motivation Science* 2：33–67.

Runco, M.A. 2010. "Divergent Thinking, Creativity, and Ideation." In *The Cambridge Handbook of Creativity*，edited by Kaufman, J.C., pp413–446. Cambridege：Cambridge University Press.

Shi, L., Sun, J., Xia, Y., Ren, Z., Chen, Q., Wei, D., Yang, W. and Qiu, J. 2018. "Large-scale Brain Network Connectivity Underlying Creativity in Resting-state and Task fMRI: Cooperation Between Default Network and Frontal-parietal Network." *Biological Psychology* 135：102–111.

Stern, E.R., Fitzgerald, K.D., Welsh, R.C., Abelson, J.L. and Taylor, S.F. 2012. "Resting-state Functional Connectivity Between Fronto-parietal and Default Mode Networks in Obsessive-compulsive Disorder." *PLoS One* 7（5）：1–9.

图书在版编目 (CIP) 数据

创造性成长：将渴望变成现实 / 张伟韬著 . —北京：中国法制出版社，2020.12

ISBN 978-7-5216-1288-2

Ⅰ . ①创…　Ⅱ . ①张…　Ⅲ . ①人生哲学—青年读物　Ⅳ . ① B821-49

中国版本图书馆 CIP 数据核字（2020）第 177681 号

责任编辑：陈晓冉（chenxiaoran 2003@126.com）　封面设计：汪要军

创造性成长：将渴望变成现实

CHUANGZAOXING CHENGZHANG：JIANG KEWANG BIANCHENG XIANSHI

著者 / 张伟韬

经销 / 新华书店

印刷 / 三河市紫恒印装有限公司

开本 / 880 毫米 ×1230 毫米　32 开　印张 / 7.5　字数 / 160 千

版次 / 2020 年 12 月第 1 版　2020 年 12 月第 1 次印刷

中国法制出版社出版

书号 ISBN 978-7-5216-1288-2　定价：36.00 元

北京西单横二条 2 号　邮政编码 100031　传真：010-66031119

网址：http://www.zgfzs.com　编辑部电话：010-66071900

市场营销部电话：010-66033393　邮购部电话：010-66033288

（如有印装质量问题，请与本社印务部联系调换。电话：010-66032926）